五島列島沖合に海没処分された潜水艦 24 艦の全貌

（一社）ラ・プロンジェ深海工学会
代表理事 浦 環

鳥影社

第二次世界大戦において、潜水艦とともに戦った方々、ご親族、造艦者、技術者に捧げる

本調査事業は、多くの方々からの寄付金と日本財団「海と日本 PROJECT」助成金によりおこなわれたものです。

一般社団法人ラ・プロンジェ深海工学会「伊５８呂５０特定プロジェクト」実行委員
　　浦　環（委員長）、古庄　幸一（副委員長）、青柳由里子、稲葉　祥梧、
　　小原　敬史、勝目　純也、小林いづみ、柴田　成晴、杉浦　武、
　　杉本　憲一、竹内　花奈

五島列島沖合に海没処分された潜水艦２４艦の全貌

目　次

1．はじめに ··· *1*
　1．1　生き残った潜水艦 ··· *1*
　1．2　私たちの調査の目的 ·· *7*
　1．3　調査のスタート ·· *9*
　1．4　調査の許可 ·· *10*

2．調査の歴史と履歴 ·· *11*
　2．1　Discovery Channel の調査 ·· *12*
　2．2　日本テレビの調査 ·· *14*
　2．3　サイドスキャンソナー調査 ·· *15*
　2．4　ROV 調査 ·· *29*
　2．5　報告会 ··· *45*

3．艦の特定 ·· *46*
　3．1　大型艦（潜特型、乙型、丙型） ·· *46*
　3．2　海大型 ··· *64*
　3．3　丁型 ·· *76*
　3．4　中型 ·· *78*
　3．5　潜高小 ··· *80*
　3．6　潜輸小 ··· *88*
　3．7　特定結果 ·· *97*
　3．8　ROV 調査の困難点 ··· *98*

4．おわりに ··· *100*

資料1　海没処分された潜水艦 ·· *101*
資料2　海没処分された潜水艦に関する米軍資料 ······································· *102*
資料3　公開されている海没処分映像 ··· *103*
資料4　米軍のビデオ画像の中で特定に役立つ重要な画像 ····························· *104*
資料5　財務省への調査申請書（その1） ·· *110*
資料6　財務省への調査申請書（その2） ·· *111*
資料7　主要艦の航跡 ··· *113*

1．はじめに

1．1　生き残った潜水艦

　日本帝国海軍の潜水艦は大東亜戦争に154艦が参加し、127艦が沈没しました。そのうち、114艦は乗組員全員が戦死しています。終戦後に残った艦は、建造中のものを含め、全てが処分されました。

　資料1は、戦後に処分された潜水艦の一覧表です。半分近くの24艦は、1946年4月1日に長崎県野母崎と五島列島黄島のほぼ中間地点(図1.1.1参照)で海没処分されています。24艦の艦名と全長および全幅は表1.1.1に、また、それぞれの艦の特徴は表1.1.2に示されています。

　勝目純也著の『日本海軍の潜水艦─その系譜と戦歴全記録』(㈱大日本絵画、2010年)より各潜水艦の側面図を大きさを比較できるように図1.1.2に作りました。(本書に使われている潜水艦の側面図は著者の許可を得て『日本海軍の潜水艦』から転載しています。)潜水艦名は、正式には「伊号第五十八潜水艦」のように書きますが、本書では「伊58」と略して記述します。

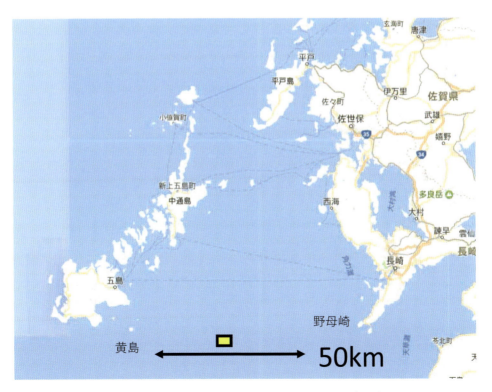

図1.1.1　五島列島黄島と野母崎の中間あたりの海没処分現場

表 1.1.1　五島列島沖合の海没処分潜水艦群の内容

型	艦名	全長(m)	全幅(m)
潜特型	：伊４０２	122	12
乙型	：伊３６	108.7	9.3
丙型	：伊４７	108.7	9.1
丙型改	：伊５３	108.7	9.3
乙型改２	：伊５８	108.7	9.3
海大３型b	：伊１５６、伊１５７、伊１５９	101	7.9
海大３型a	：伊１５８	100.58	7.58
海大４型	：伊１６２	97.7	7.8
丁型	：伊３６６、伊３６７	73.5	8.9
中型	：呂５０	80.5	7.05
潜高小	：波２０１、波２０２、波２０３、波２０８	53	4
潜輸小	：波１０３、波１０５、波１０６、波１０７、波１０８、波１０９、波１１１	44.5	6.1

注）伊、呂、波の区別はトン数で、下記のようになっています。
　　伊号　　１等潜水艦　１０００トン以上
　　呂号　　２等潜水艦　１０００トン未満５００トン以上
　　波号　　３等潜水艦　５００トン未満

表 1.1.2　五島列島沖合の海没処分潜水艦群の特徴

潜特型	：水上攻撃機「晴嵐」を３機搭載
乙型	：水上偵察機１機搭載、伊３６は1945年に航空兵装を撤去
丙型	：魚雷発射管8門
丙型改	：乙型から航空兵装を取り除いている
乙型改２	：ディーゼル機関を製造容易な簡易タイプに換装
海大３型b	：海大3型aと比べ艦首の形状を鋭角とし、凌波性を改善した。
海大３型a	：海大2型を改良した量産型
海大４型	：ドイツ・MAN社が設計したラウシェンバッハ式ディーゼルに変更
丁型	：太平洋戦争後期に輸送任務のために12隻建造
中型	：プロトタイプ海中6型の戦時量産型
潜高小	：小型高速潜水艦
潜輸小	：近距離輸送用

1. はじめに

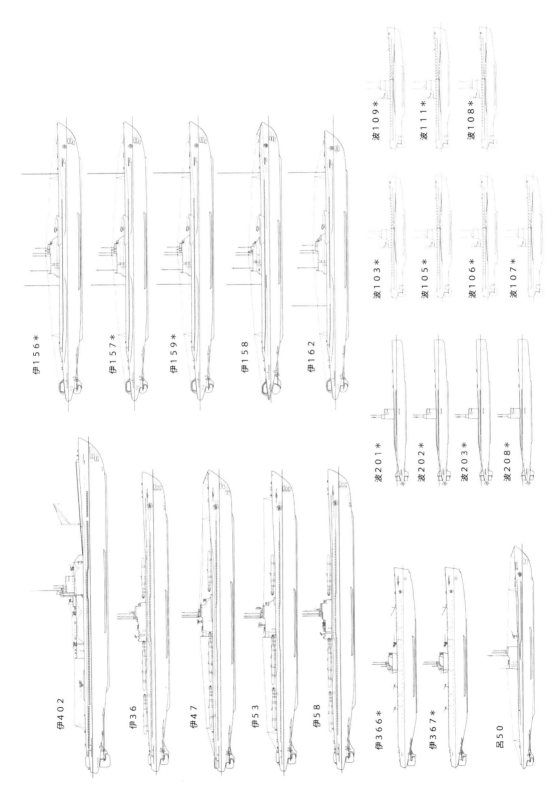

図 1.1.2 海没処分された24艦の形状比較。＊は同型艦なので形を区別していません。

五島列島沖合に海没処分された24艦の処分位置は、米軍の資料（資料2）によれば、北緯32度30分、東経129度10分です。実際には、潜水艦は図1.1.4に示されるように南北1.0海里、東西2.4海里（北緯32度33.9分、東経129度11.9分と北緯32度34.9分、東経129度14.7分に囲まれる範囲）に分布しています。中心位置を考えると、南北で4.4海里、東西で2.8海里のずれがありましたが、当時の計測技術を考えると、米軍の報告位置に沈んでいたといってよいでしょう。処分の様子は、米軍によって撮影され、映像は資料3のように公表されています。図1.1.3は、庵ノ浦に集合していた24艦で、海没処分される直前の映像です。

　一般社団法人ラ・プロンジェ深海工学会は、この24艦（以後五島列島沖合の海没処分潜水艦群と記述します）の現状を明らかにすべく、「伊58呂50特定プロジェクト」を2017年1月に立ち上げ、2017年5月にサイドスキャンソナー（SSSと略称：Side Scan Sonar）調査、2017年8月に遠隔操縦式無人潜水機（ROVと略称：Remotely Operated Vehicle）調査をおこない、24艦の全貌を明らかにしました。調査後も映像解析をおこない、2017年12月までにそれぞれの艦の名前を特定しました。本書は、その調査の全貌と結果を紹介するものです。

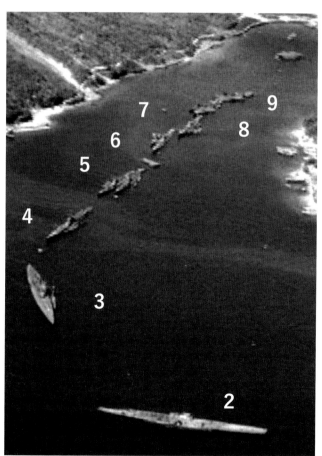

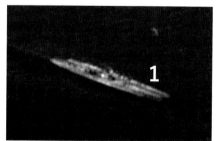

図1.1.3　庵ノ浦に集まる24潜水艦。番号は筆者がつけたグループ番号。以下の艦名は推定。
1：伊？、伊？、波？、波？
2：伊58、呂50か
3：伊402、波201
4：伊47、波202
5：波203、伊162、伊156、波208？
6：波103、伊158
7：伊？、波？
8：波107、伊366、波？
9：波？、伊？、波？
1のグループは、2のグループの前方にあり、同じ画面に映っていないので、分離して掲載しました。？は不明。

1. はじめに

　図1.1.4は、マルチビームソナーにより計測された現場海域の海底地形図です。水深は約200mで、ほぼ平らです。その中に、丸で囲まれたところに点々と潜水艦の艦影が見えます。それぞれに1から25（後に述べるように23はありません）までの艦の番号がふってあります。

　艦の番号は2.2節で詳述する日本テレビの調査チームが2015年につけた番号で、以後、海底の潜水艦を表すためにこの番号を用い、「No.1」のように書くことにします。

　2017年5月におこなわれたSSS調査（2.3節参照）により、日本テレビがNo.23としたものは音響ノイズによるゴーストであることが分かりました。また、No.17とNo.16の間に、垂直に立つ潜水艦（後に伊47と判明）が存在することが分かりました。これをNo.25としました。No.24とNo.25は立ち上がっているので、図1.1.4では点のように見えます。ただし、No.23は音響ノイズを見誤っていたので、図中にはありません。

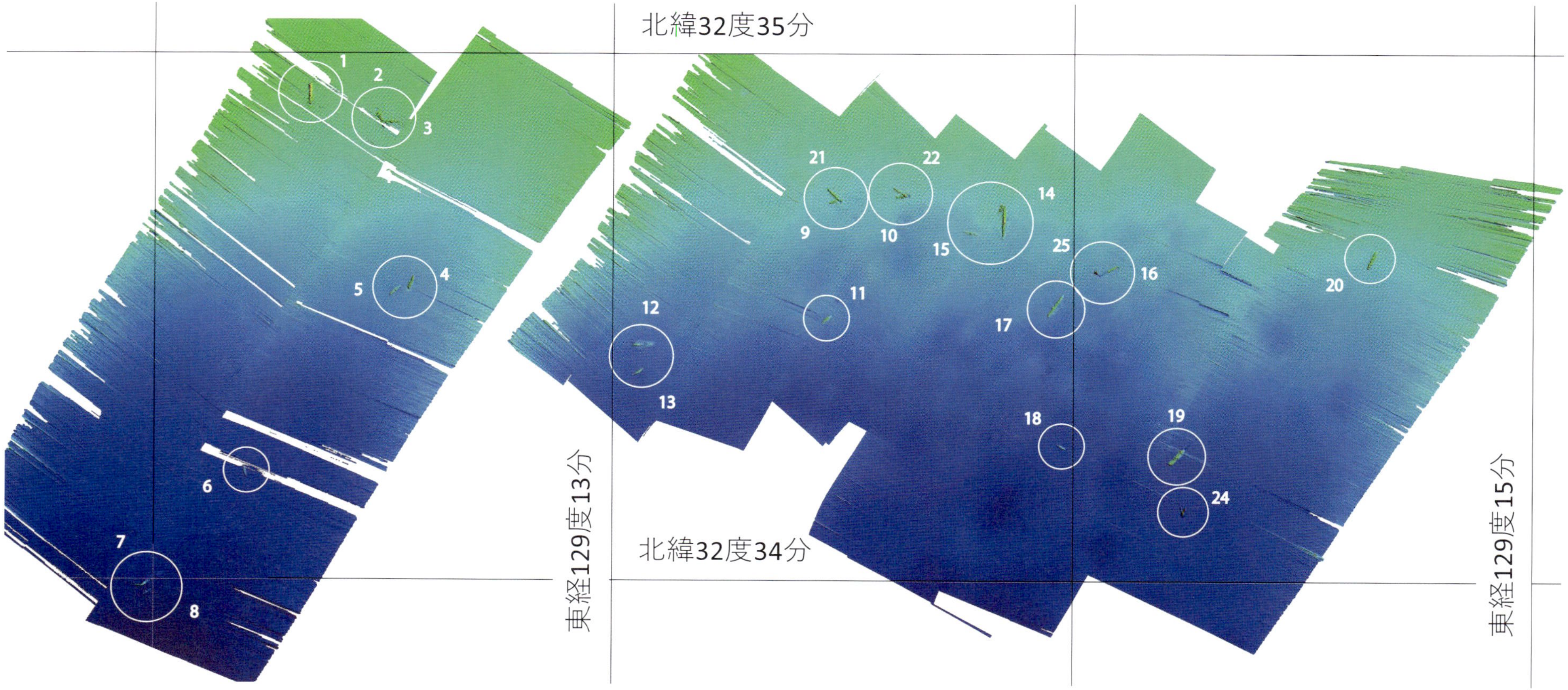

図 1.1.4 現場海域でマルチビームソナーを使って海底を計測した結果

1. はじめに

1.2　私たちの調査の目的

　第二次世界大戦において、潜水艦は技術者の知恵の上、造船所の苦労の積み重ねの上で多数建造され、多くの乗組員とともに失われました。生き残った艦も、戦後、米国海軍により海没処分されています。伊、呂、波（伊は 1000 トン以上、呂は 1000 トン未満 500 トンまで、波は 500 トン未満）いずれの潜水艦も現物を国内で見ることはできません。（大和ミュージアムには「海龍」「回天」、江田島術科学校には「回天」、靖国神社には「回天」が展示されていますが、多くはレプリカです。）ハワイ沖に海没処分された伊４００（2013 年発見）を 2015 年 5 月に NHK が、五島沖に海没処分された伊４０２（2015 年 7 月発見）を 2015 年 8 月に日本テレビが、それぞれビデオ映像として映し出したことは、画期的なことといえましょう。海に沈んでしまったものは、「水に流す」ことにされてしまい、忘れさられようとしています。戦ってきた潜水艦の実物を通して、戦争を考え、潜水艦を考え、建造技術を知ることは、有意義なことであると思いますが、そのチャンスは日本国民にとってほとんどないといってよいでしょう。日本テレビの調査により五島列島沖合の海没処分潜水艦群 24 艦の位置は分かっています。しかし、伊４０２のみがそのどれであるかが特定されていますが、他の潜水艦は特定されていません。それぞれの潜水艦を特定し、その現在の姿を明らかにすることにより、潜水艦の記念碑といたしたいと考えるに至りました。広島の原爆ドームのように、実物は見る者に大いなる刺激を与えます。潜水艦を考える上で、潜水艦からの直接的な刺激は重要であると思います。

　潮流があり、濁っている東シナ海での海中調査は簡単なものではありません。少なからぬ経費がかかり、多くの方々の協力が必要です。そこで、全艦を特定することは志の高い重要な目標ですが、欲張らずに目標を絞り、伊５８と呂５０の 2 艦を特定することを第一の目標として
「伊５８呂５０特定プロジェクト」
をラ・プロンジェ深海工学会で立ち上げました。この 2 艦を選んだ理由は、次の事実を受けて特に重要な艦であると考えたからです。

伊５８：原子爆弾の部品を米国本土からテニアン島へと輸送した重巡洋艦「インディアナポリス」を撃沈した潜水艦
呂５０：中型潜水艦 18 艦の内、沖縄海戦を経て生き残ったただ一つの潜水艦

　調査手法は、ROV を使って現状をビデオ撮影し、その艦名を特定することです。

　艦が特定されれば、そのデータを用いた啓発活動や教育活動をおこないたいと考えました。

図1.2.1　左舷後方から伊５８を見る。米軍ビデオ映像より。

図1.2.2　右舷前方から呂５０（手前）と伊５８（奥）を見る。米軍ビデオ映像より。

1.3　調査のスタート

　次章で述べるように、2015 年におこなわれた日本テレビの「真相報道バンキシャ！」（2015 年 8 月 16 日放送）番組の調査データの提供を受け、「伊５８呂５０特定プロジェクト」が 2017 年 1 月から開始されました。プロジェクトのメンバーは、

　　委員長　　浦　　　環
　　副委員長　古庄　幸一
　　委員（五十音順）
　　　　　　青柳由里子、稲葉　祥悟、小原　敬史、勝目　純也、
　　　　　　小林いづみ、柴田　成晴、杉浦　　武、杉本　憲一、
　　　　　　竹内　花奈

です。委員の活動は、原則としてボランティアベースでおこない、必要な資金は寄付により集めることにいたしました。寄付は大きく 3 つに分けられます。

（1）プロジェクトに対する直接寄付
（2）クラウドファンディング（academist 主催）：2017 年 5 月 26 日より 8 月 11 日まで。目標 500 万円
（3）日本財団「海と日本 PROJECT」に参加して助成を受ける

　（2）については、期日内に延べ 512 人のサポーターを得て目標寄付金額に到達し、クラウドファンディングは成立しました。（3）については、アウトリーチ活動にも重点を置くことで助成を受けました。

　プロジェクト開始当初は、日本テレビの調査により艦の位置がすでに判明していることから、ROV 調査を直ちにおこなうことを考えていました。しかし、経費のかかる ROV 調査をより効率よくするために、操作が簡単で作業のしやすい SSS 調査を最初におこなって、マルチビームソナーデータ以上に詳しい各艦の形状データを得ることとしました。

　SSS 調査は、第 2 章に述べるように、立ち上がる潜水艦 2 艦を発見する結果を生み、世間の耳目を引寄せることができました。

1.4 調査の許可

　終戦時に、残存していた潜水艦を含む艦艇は、1945 年 11 月 24 日私たちが対象としている 24 艦を含めて全て除籍され、連合軍の所轄になりました。それに先立つ 1945 年 9 月 24 日、日本国政府と GHQ との覚書「日本軍隊より受領し、且受領すべき資材、補給品、装備品に関する件」により、日本軍隊に属する全ての武器、弾薬、軍装備等の戦用品に関する詳細な指令が出されています。財務省ホームページ「大蔵省財務局五十年史」第 1 章第 1 節 2. 管理業務 I 終戦後の処理

https://www.mof.go.jp/about_mof/zaimu/50years/0101020101.htm

をご参照ください。連合軍は潜水艦を解体処分する命令を下し、私どもの調査の対象である潜水艦 24 艦は 1946 年 4 月 1 日に海没処分されました。その後、連合軍は、日本にこれを返還しています。財務省の見解では、たとえ海底にあったとしても 24 艦は国有財産である、としています。戦後の国有財産管理については大蔵省財政史室編『昭和財政史—終戦から講話まで—第 9 巻』(東洋経済新報社) に詳述されています。

　国有財産を調査するには、財務省の許可が必要です。そこで、2017 年 5 月の SSS 調査と同年 8 月の ROV 調査では、財務省福岡財務支局管財部に資料 5 と 6 に示される許可申請書を提出し、調査許可を得ました。

　日本テレビの 2015 年調査のときには、財務省へは何も手続きをしていないと聞いていたので、違いを尋ねました。財務省の見解では、日本テレビの調査ではどこにあるのかが分かっていなかったので、調査ではなく、捜索であり、特段の申請は必要はない。ラ・プロンジェ深海工学会の調査は、潜水艦の位置が分かっていて、どの艦であるかは分かっていなくとも、特定の国有財産を調査するのであるから申請が必要である、とのことです。そこで、海域は国の管轄が決まっていないのでどの支局に出せばよいのかを尋ねると、海没処分場所の近くの支局、すなわち福岡財務支局長崎財務事務所に出すように、と言われました。

　ROV の調査では、当初は、潜水艦の周囲に落ちている物品を回収しようと考えて、申請書に回収の事項を入れて書きました。すると、財務支局から、その物品が潜水艦のものか、そうでないかをどうやって判断するのか、と質問されたのです。つまり、引き上げたものが国有財産かどうかをどうやって判断するのか、国有財産ならば払い下げを受けなければならないことになる、というわけです。この判断は難しく、適当な案を考えつかないまま、時間切れとなり、返答を避け、申請書を書き直し、物品の回収はあきらめました。

2．調査の歴史と履歴

　五島列島沖合の海没処分潜水艦群の調査は、今回の調査以前に少なくとも3回おこなわれています。

（1）1973年、深田サルベージ株式会社が調査したと言われています。当時スキューバで潜水し、調査された方から直接お話を聞きました。その結果、調査されたのは、私たちが対象としている24艦ではなく、資料1に示す向後崎（こうござき）沖合に処分された潜水艦群であることが判明しました。実際は崎戸島（さきと）北側沖合水深50mから60mの海域です。なお、向後崎沖合に処分された潜水艦数は、資料1の数より多いことが資料2からわかります。資料1は、終戦時に籍があった潜水艦のみが記述されていて、名前はつけられたものの、完成を待たずに終戦になったような竣工していない艦は含まれていないからです。向後崎には、資料2にあるようにそのような艦も海没処分されています。

（2）2004年に「Discovery Channel」が伊402の発見を目指して「Sentoku（潜特）」というプロジェクトをおこないました。伊402の発見にはいたりませんでしたが、中型ROVを使ってNo.7を見つけています。番組では、発見した潜水艦を伊58であるとしています。しかし、それは今回の調査により伊36であることが明らかになりました。

（3）2015年に日本テレビの「真相報道バンキシャ！」のチームが、マルチビームソナーを使って、24艦の位置を明らかにし（1.1節で述べたように、そのうちの1艦No.23はゴーストで、また、No.25を見逃しています）、さらに、AUV「Gavia」（Autonomous Underwater Vehicle：自律型海中ロボット）と小型ROVを使って、No.14が伊402であることを明らかにし、2015年8月16日にテレビ放送をしました。一方で、海上保安庁海洋情報部は、独自に調査をおこない、測量船からマルチビームソナー計測をして、潜水艦群を発見したと、発表しました（注1参照）。海上保安庁は全体図を公表していませんが、24艦あって、そのうちの最大のものは「伊402潜水艦であろう」と、しています。

次節以降に（2）および（3）の内容を詳述します。

注1：海上保安庁海洋情報部発表資料：五島列島沖に眠る旧日本海軍の潜水艦群、2015年8月7日

2.1　Discovery Channel の調査

　米国潜水調査会社の ProMare は Discovery Channel と共同して
　　　「SEN TOKU SUBMARINE PROJECT」(http://www.promare.org/japan/)
をおこない、2004 年 4 月に中型 ROV を現場に投入しました。目的は、「Sentoku（潜特）」と呼ばれていた伊４０２を発見することです。調査の詳細については不明なところがありますが、調査後に Discovery Channel で放映されています。現在はスペイン語版をYouTube で見ることができます。

　　　　　　　　https://www.youtube.com/watch?v=Pnt5hXdyV9k

　ProMare のホームページでは、22 艦の艦影をマルチビームソナー調査で確認し、伊４０２を発見したように書かれています。しかし、Discovery Channel の放映された番組を見ると、22 艦のうち、どれが伊４０２であるかは分かっていません。中型 ROV を展開しましたが、ケーブルがからまるなどで時間を使い、No.7 を ROV 調査しただけで終わったように見うけられます。番組では、ROV からの No.7 の艦橋のビデオイメージを見て、「これは伊５８だ」と言っています。

図 2.1.1　艦橋の前部の映像。窓がよくみえています。この後、左側へと進みますが、窓が幾つあるのかは判然としません。

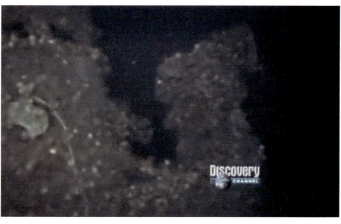

図 2.1.2　艦橋の前にある電探。このように電探が取り付けられているのは、伊３６、伊４７、伊５３、および伊５８です。

しかし、図 2.1.3 に示されている Discovery Channel の艦橋後部の映像を見る限りでは、これは伊５８でないことは明らかである、と私たちは判断していました。手すりの部分が伊５８と明らかに違うからです。伊５８は、図 1.2.1 に見られるように、手すりはパイプあるいは棒で構成されているからです。

図 2.1.3　艦橋後部の手すりの構造です。この形状は、伊３６か伊４７です。すなわち、Discovery Channel が伊５８を発見したというのは、正しくありません。

　Discovery Channel の画像には、この潜水艦に到着する前の時点で、スキャニングソナーの映像が図 2.1.4 のように映し出されています。ここには大小２艦の姿が映っています。２艦はほぼ平行で、間隔は 30m 程度と見えます。図 1.1.4 から、そのような艦影の組み合わせを探すと、この２艦は No.7 と No.8 の組しかないと判断されます。艦の長さを考えれば、No.7 が Discovery Channel が伊５８と言った艦に相当すると断定できます。すなわち、これらのことから、私たちは今回の調査を開始する前に、No.7 は伊３６か伊４７である、と判断していました。

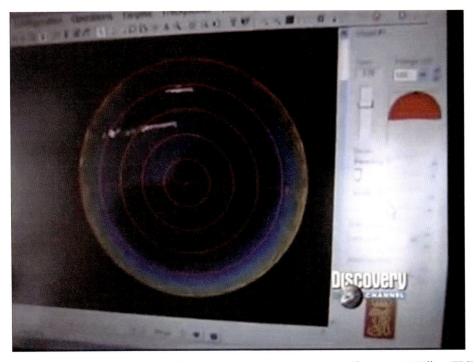

図 2.1.4　Discovery Channel の映像のなかにある、スキャニングソナーの画像。平行にならぶ２艦が見えます。

2.2 日本テレビの調査

　2015年、日本テレビの「真相報道バンキシャ！」は、戦後70年の節目を考えて、航空機3機を搭載することのできる伊４０２の探索・調査のプログラムを企画し、調査活動に乗り出しました。

　アメリカ合衆国公文書館などからの資料を収集し、マルチビームソナー調査を最初におこない、海底に24艦の艦影を発見しました。その結果を受け、最長の艦No.14が伊４０２である可能性が高いと判断しました。

　No.14にAUVおよびROVを投入して、特徴ある航空機3機の格納筒とそのハッチなどを確認し、伊４０２と特定しました。調査の結果と、伊４０２にまつわる物語りは2015年8月16日に「真相報道バンキシャ！」にて放送され、高い評価を得ています。

　図2.2.1はAUVにより撮影されたSSSイメージです。このイメージだけで伊４０２と断定できる内容を持っています。ROV調査により、細部をビデオイメージで見ることができ、判断の正しさを証明しました。

図2.2.1　AUVに搭載されたSSSによって撮影された伊４０２。側面から見ています（日本テレビからの資料に手を加える）。右側が艦尾で、14cm単装砲が見えます。中央の艦橋の前後部に航空機格納筒、左側に開いたハッチが見えます。艦首は折れていますが全体の形をよく保っています。

2.3 サイドスキャンソナー調査

2017年5月20日から22日の3日間にわたって、日本テレビからの海底地形図を基にして、ラ・プロンジェ深海工学会は、各艦のSSS調査をおこないました。調査にあたって、(株)ウインディーネットワークおよび(株)東陽テクニカのご協力を得ています。また、五島ふくえ漁業協同組合(理事長：熊川長吉様)に船舶の利用等のご協力を得ています。

2.3.1 サイドスキャンソナー(SSS)

SSSは、フィッシュと呼ばれる曳航体(えいこうたい)(船から曳航する)から曳航する方向に垂直に海底面に向かって扇状に広がる音波を発信し、海底で反射して戻ってきた音波を受信して、海底面を画像として捉える装置です。発信してからの時間を横軸に、受けた反射の強さを縦軸に描けば、海底面のでこぼこや底質の違い、強く反射をする物体の存在、などによる反射の違いを計測することができます。さらに、間歇的(かんけつ)に発信される音波の反射の強弱を濃淡表示することにより、海底面を写真で撮ったような画像として取得できます。通常曳航体には左右一対の送受波器が取り付けられて、図2.3.1.1のようにあらかじめ決められた測線上を曳航され、その左右の計測をおこないます。計測幅をスワス(Swath)と呼びます。

船の前進速度とケーブルの繰り出し長さで曳航体の深度(あるいは高度)をコントロールします。船が速く進めば曳航体は浮かび上がり、スワスは広くなりますが、反射点から離れるので、受信する音は弱くなってしまい、鮮明なデータが得られません。計測データは、ケーブルを通じて船上に送られ、モニター画面にリアルタイムで表示されます。

船の位置はGPSで求められ、曳航体の位置は、船の位置と曳航体の深度とケーブルの繰り出し長さを使って計算します。

得られたデータは、反射の強弱なので、写真の映像とは異なり、理解するには経験が必要です。

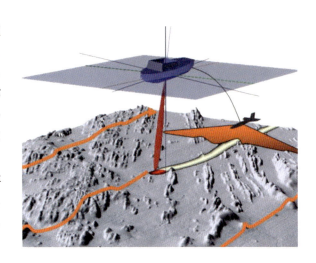

図2.3.1.1 SSS調査の原理図

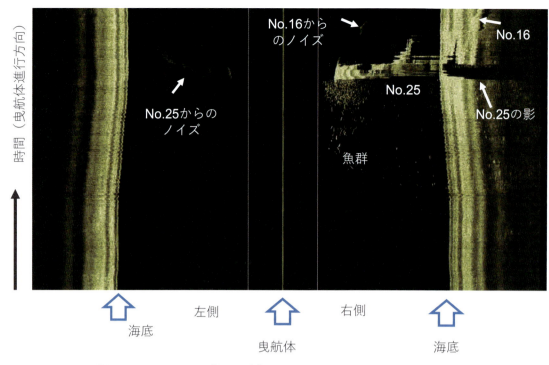

図2.3.1.2 SSS画像の一例。No.25とNo.16とが見えます。

図2.3.1.2は、No.25すなわち伊47をSSSで調査したときのディスプレーの画像の例です。中心線が曳航体の位置で、右側と左側に音波を発射してから帰ってくる時間軸をとり、反射音の強さを色で表します。光っているのは強い反射です。縦の方向を時間軸（進行方向）として表示されます。

立ち上がる潜水艦No.25（伊47）が鮮明に見えます。海底にはその影が黒く見えます。影の見え方は、光の影とは若干違うので注意が必要です。

潜水艦の下側に見える点々は魚群と思われます。左側にも見えますが、これは艦からの強い反射を受けたノイズです。右上にNo.16が見えます。そこからのノイズも右側の画面に見えます。

図2.3.1.2の右半分の濃淡は、図2.3.1.3のように説明されます。

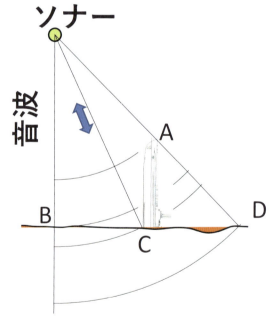

図2.3.1.3 ソナーから出た音波は、まずAで反射します。次に、Bまでは潜水艦からの反射が水中に見えます。Bで同時に海底が見え、Cまでは海底と潜水艦から同じ時刻に反射します。CからDまでは潜水艦の影になって音波の反射が受け取られません。それが黒い影となって記録されます。

2.3.2 使用機器と支援システム

利用したSSSは、（株）ウインディーネットワーク（本社：東京都港区）所有の、英国C-MAX社製曳航式サイドスキャンソナー「CM2」（図2.3.2.1参照）です。周波数は325kHz、発振間隔は0.3秒です。

図2.3.2.1　曳航体に取り付けられたSSS装置「CM2」

図2.3.2.2　支援船「せいわ」の後部で投入前の準備がおこなわれている「CM2」

図2.3.2.3　曳航体のウインチと曳航ケーブル。曳航ケーブル内には通信および電力供給用のケーブルが装備されている。

図 2.3.2.4 SSS 調査のために傭船（ようせん）した「せいわ」。船長は荒木和也氏。曳航体は 1 ノット程度の低速でひかなければ、低い高度が得られないので、操船技術が重要視されます。荒木船長は、低速曳航をこなし、そのおかげで鮮明な画像を得ることに成功しました。

図 2.3.2.5 「せいわ」の船内風景。手前、柴田成晴氏が船の航路を指定し、船長に伝えます。ウインディーネットワークのチームが曳航体の調整をおこなっています。

2.3.3　調査結果の映像

　以下に、得られたSSSの画像（伊402をのぞく）を、表1.1.1の潜水艦の順序（最終的に特定された艦名）に従って、示します。

　図中の下部にあるゲージは長さです。スケールは図によってまちまちであり、得られた潜水艦映像を左右一杯に描いてあります。

　波100番代の4艦（波101型と呼ばれています）については、艦名を推定するにいたる根拠がないので、グループとして記述しています。

　No.25が、日本テレビの調査において発見されなかった理由は、艦が垂直に約60mの高さまで立っていることで、海底面が急に60mの高さに飛んでしまい、ノイズとして消されたことによる、と考えられます。マルチビームソナーの水平分解能やデータの自動処理機能が原因です。No.24も同じく立ち上がってはいますが、斜めになっていたために、徐々に高くなり、ある程度の長さをもってマルチビームソナーのデータに表れたために除外されることがありませんでした。また、一方で、日本テレビはNo.23という艦影を見ていましたが、SSS調査により、その地点には何もなく、マルチビームソナー調査のノイズであったことが分かりました。

　海上保安庁は、No.25を発見しています。これは、マルチビームソナーの機種の違いによるものと考えられます。また、私たちが特定した24艦全てを見ていないことも分かっています。

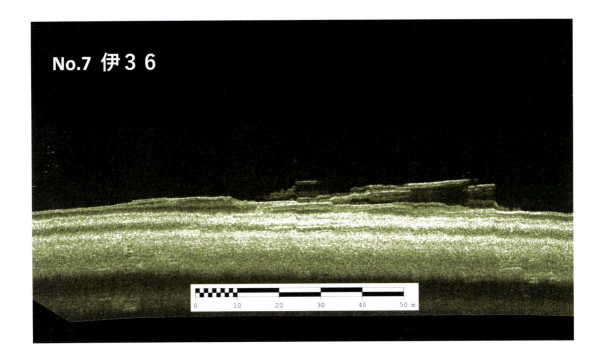

2．調査の歴史と履歴

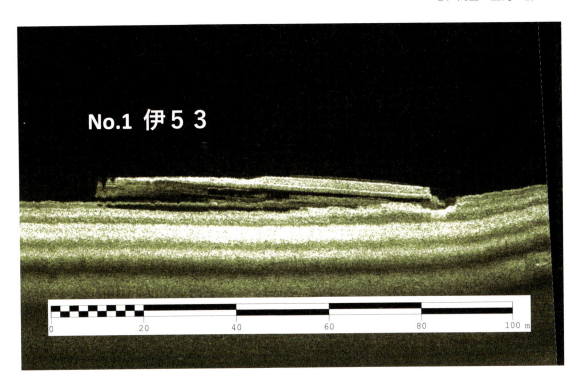

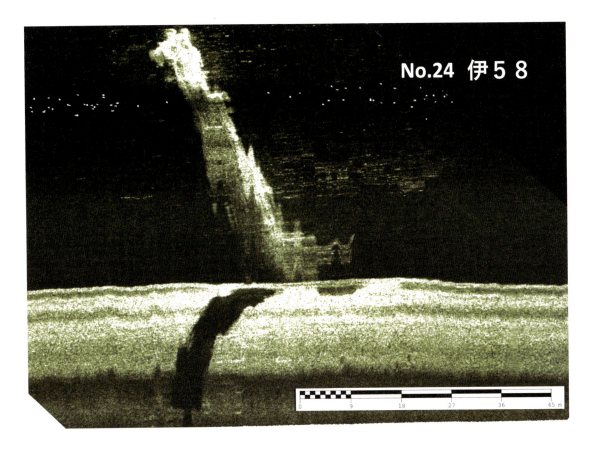

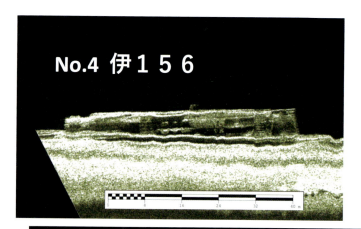

No.4 伊156

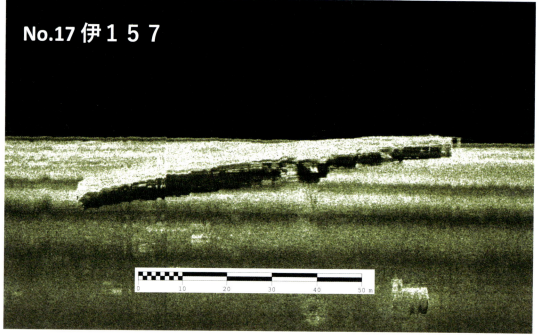

No.17 伊157

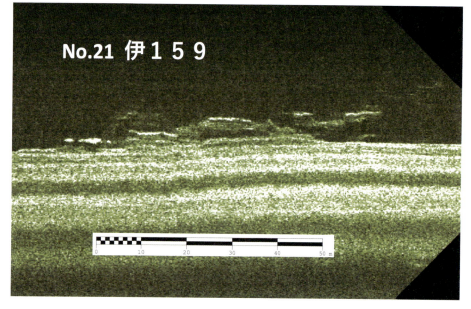

No.21 伊159

2．調査の歴史と履歴

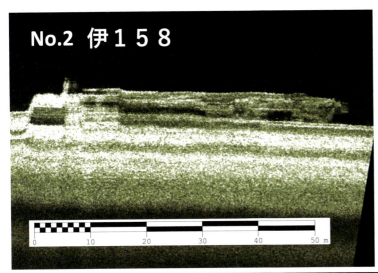

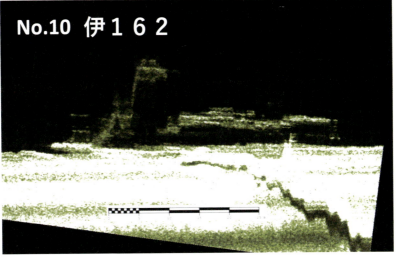

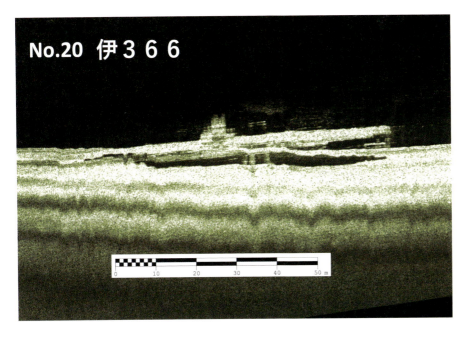

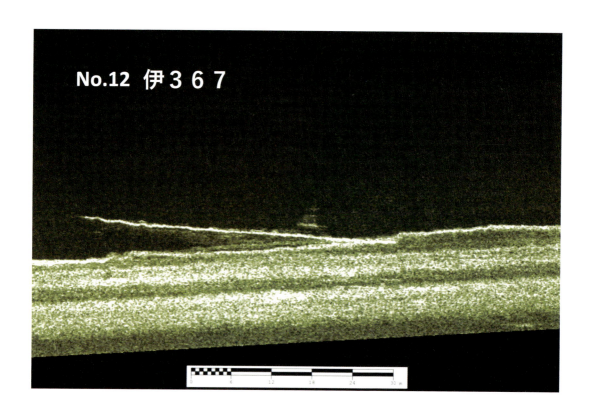

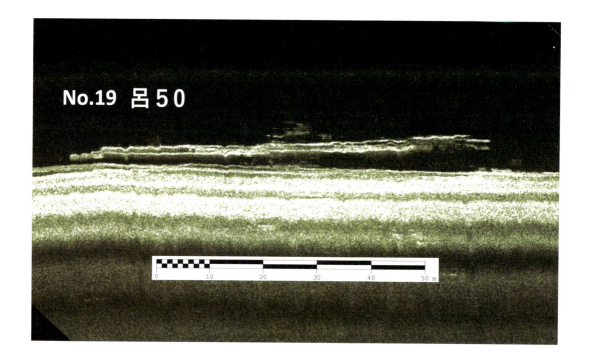

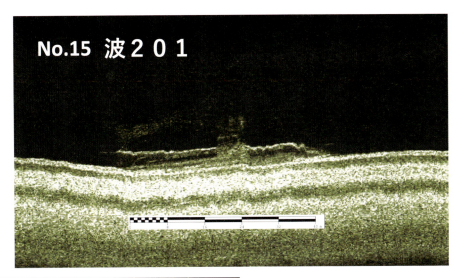

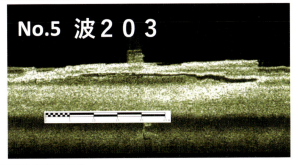

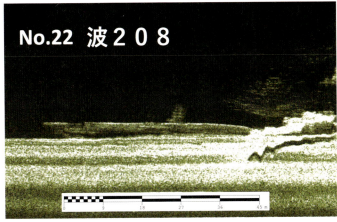

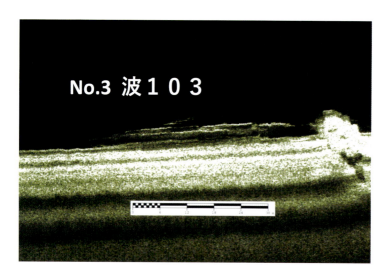

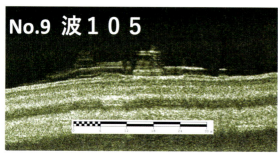
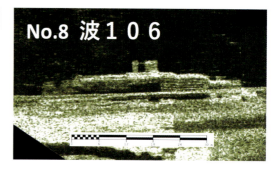

波１０７、波１０８、波１０９、波１１１

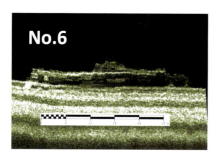
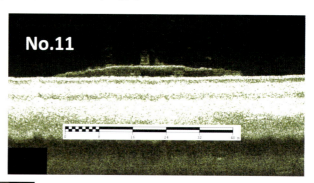

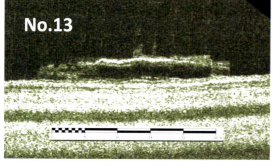
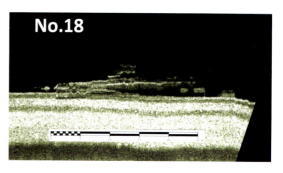

2.3.4　SSS 調査結果から導かれる艦の推定

　SSS データは、マルチビームソナーデータ（日本テレビデータと海上保安庁データ）を加えて考えると、海底の艦の大きさに関して多くの知見を与えてくれます。

　1）艦の長さからの推定
　2）艦橋と思われる部分の幅、および艦橋の前端や後端から艦の端までの長さからの推定

　沈んでいる艦の全長や、艦橋から前後端までの長さが分かれば、それよりも短い艦は対象外となります。表 2.3.4.1 は、ROV 調査前の時点での情報を取りまとめた一覧表です。縦軸は、24 艦の名称で、建造時の艦の設計資料により、全長の長い順番にならんでいます。横軸は、図 1.1.4 に示した潜水艦番号です。日本テレビのマルチビームソナーデータから読みとれる長さの推定値の順になっています。SSS データおよび海上保安庁マルチビームソナーデータからの推定値も記述されています。なお、日本テレビのデータから読み取られる高さと幅、および破壊状況、海底でどのような傾きで着座しているかの推定結果も記入してあります。表中、Fore は、艦橋前端から前部の長さ、Aft は艦橋後端から後部の長さです。SSS データからだけでは、艦の前後は分かりにくいのですが、24 艦の艦橋は、艦のほぼ中央部にあるため、両者の差は実質的には少ないので逆になっていても判断材料としては問題はないと考えます。また、No.1 のように艦が裏返っていて、艦橋が確認できないものもあります。

　これらのデータを基にして、ROV 調査をおこなう前の 2017 年 8 月の段階で、艦名の予想をしてみました。表 2.3.4.1 がその予想結果です。緑色で塗ってある欄は、可能性が少ないと判断したもので、白抜きになっている欄が可能性の高いものです。これをベースに、ROV 調査の時に各艦がどの艦であるかの絞り込みの参考にしています。ROV 調査後に、十分に画像を比較検討した後の最終結果は、3．7 節の表 3.7.1 に示されています。

　プロジェクトの開始時点では、SSS 調査は予定されていませんでした。なぜなら日本テレビの調査により 24 艦の位置は判明していたので、直ちに ROV 調査をすれば良いと考えていたからです。しかし、2017 年 2 月におこなったデータの事前解析の結果、経費がかかる ROV 調査をより効率的におこなうには、まず SSS 調査をおこなって、より詳細な形状データを得ることが必要と結論しました。

　SSS 調査の結果、立ち上がる潜水艦 2 艦を発見し、報道などで大きく取り上げられました。クラウドファンディングを始める良いきっかけになるとともに、ニコニコ生放送へもつながっていきました。

表 2.3.4.1 マルチビームソナーデータとSSSデータから推定される海底の艦の寸法。これより艦の特定の可能性が推定されます。

凡例	長さの単位はm
注1	単体の◎と○はまとまりの強さ 艦影No.は日本テレビのデータより推定される全長の長い順にならんでいる
注2	Foreは艦橋より前の長さ、艦橋は艦橋の長さ、Aftは艦橋より後ろの長さ
注3	緑色でハッチしてある部分は、SSS調査の結果を受けて、可能性が少ないと考えるところ

艦影No	17	14	7	20	1	19	12	5	10	8	16	13	2	4	21	11	15	22	9	24	6	18	3	25
全長 SSS	88		55	76	75	79	47	55	44	53	51	47	56	50	71	45	47	51	42		40	47	45	
全長 日本テレビ	117	116	113	99	84	82	81	65	62	60	60	58	56	55	53	52	50	49	44	40	35	34	33	
全長 海上保安庁	108	122	63	82	88	84	76	58	45	59	61	42	60	59	53	47	55	43	63	35	40	32	41	
SSS Fore	47		43	37		29	33	26		20		23				19	24	27	14	36	15	23	19	
SSS 艦橋	9		12	10		12	6	4		6	5	6		5			6	6	7		7	8	7	
SSS Aft	29			29		38		25		18	20	18				20	16	18	21		17	16	17	
日本テレビ 幅	10	18	15	11	19	9	15		13	13	7	13	21	16	22	9	16	25	14	13	16	23	13	
日本テレビ 高さ	4.7	8.9	8.2	5.7	5.4	6.8	4.7	3.3	5.4	4.1	4.1	3.9	5.8	6.9	4.5	3.8	8.9	3.7	4.2	42.9	5	6.2	4.6	
日本テレビ 単体	◎	◎	◎	◎	○	◎		◎	◎	○	◎	○							○		○			
状況	横転	鎮座	鎮座 首尾壇去る	横転?	横転	鎮座	大破	ほぼ完 鎮座艦 橋の前 後ろな がない	横転?	横転?	逆転 横転	横転?	大破	横転前 後分切断	逆転 横転		小破	小破	小破		大破艦 橋特徴	大破	大破艦 橋特徴	
近傍随伴		確定	8				13	4	22	7		12	3	5	9		14	10	21				2	
		15																						

潜水艦	全長	全幅	Fore	艦橋	Aft	近傍随伴
伊402	122	12				波201
伊36	108.7	9.3	48	12	48	波106
伊47	108.7	9.1	48	12	48	波202
伊53	108.7	9.3	48	12	48	
伊58	108.7	9.3	48	12	48	波203
伊156	101	7.9	44	11	46	
伊157	101	7.9	44	11	46	波105
伊159	101	7.9	44	11	46	波103
伊158	100.58	7.58	44	11	46	波208
伊162	97.7	7.8	39	12	46	
呂50	80.5	7.05	37	8	37	
伊366	73.5	8.9	30	8	35	
伊367	73.5	8.9	30	8	35	
波201	53	4	25	4	24	伊402
波202	53	4	25	4	24	伊47
波203	53	4	25	4	24	伊156
波208	53	4	25	4	24	伊162
波103	44.5	6.1	19	4	21	伊158
波105	44.5	6.1	19	4	21	伊159
波106	44.5	6.1	19	4	21	伊36
波107	44.5	6.1	19	4	21	
波108	44.5	6.1	19	4	21	
波109	44.5	6.1	19	4	21	
波111	44.5	6.1	19	4	21	

2.4 ROV 調査

　人が簡単には行けない海中を調査するシステムは、図2.4.1に示されるように、いろいろな種類のものがあります。SSS調査に利用した曳航体は、船から吊りおろして曳くシステムで、古くから使われているものです。調査測器を搭載する潜水機（プラットフォーム）として、次の３つが近代的なものです。
　　１）有人潜水艇（HOV：Human Occupied Vehicle）
　　２）遠隔操縦式無人潜水機（ROV：Remotely Operated Vehicle）
　　３）自律型海中ロボット（AUV：Autonomous Underwater Vehicle）
　有人潜水艇は、民生用の潜水艦と考えてよく、国立研究開発法人海洋研究開発機構（JAMSTEC）の「しんかい６５００」に代表される深海調査用の潜水艇が有名です。浅い海域で使われる潜水艇もあり、戦艦大和の調査にも使われていました。人が水中の現場に直接いくことができるメリットがありますが、多額の経費がかかり、五島列島沖合の海没処分潜水艦群の調査には利用できませんでした。

　1960年代から開発が進められ、海底石油開発などの海中作業に使われるROVは、現在の海中調査プラットフォームの主流です。アンビリカル（へその緒）と呼ばれる電力供給と遠隔操縦のための情報伝達をおこなうケーブルが、無人機に取り付けられ、船上にいる操作者や研究者はリアルタイムで海中の様子を観測でき、マニピュレータを使ってサンプリングするなど遠隔作業ができます。重さ数キログラムの小型のものから数トンの大型のものまで各種あります。沈没船の調査にも多く使われています。1997年におこなわれた、大東島沖合の鉱石運搬船「ダービシャー」のROV「JASON」による調査や、護衛艦「あたご」と衝突した漁船「清徳丸」のROV「ハイパードルフィン」による調査、あるいは、最近の戦艦武蔵や大和のROV調査が有名です。これらの調査に利用されたROVは重作業ROVと呼ばれる大型のものです。重作業ROVは、高価で安全管理が大変な有人潜水艇に比べて、とても使いやすい道具ですが、いくつかの欠点があります。その一つは、時には数キロメートルにもなる長いケーブルをハンドリングする大型装置（ウインチや張力緩衝装置）を船上に設置しなければならないことです。そのために、使用する支援船は大きくなり、数十トンの漁船ではできないのです。すなわち、調査経費に数百トンもの支援船の経費を含むことになり、一日あたり数百万円もの調査経費がかかります。浅い海では、経費を削減するために、中型あるいは小型のROVを利用することが考えられますが、ケーブルに作用する流体力に対して推力が弱いために、潮や波に弱く、機能レベルが低いために、操縦に苦労することになります。Discovery Channelの調査では、中型のROVを漁船から操縦していて、ケーブルの絡まりなどのトラブルもあり、十分な成果を挙げることができませんでした。

　私たちの五島列島沖合の海没処分潜水艦群のROV調査には日本サルヴェージ（株）所属の「Quasar 8」と呼ばれる重作業ROVを使いました。流れがあり、濁っている現場海域で、安全で確実な作業をするには、大型の重作業ROVが必要だからです。その能力のおかげで、４日間の短い期間の間に、24艦全てを調査することに成功しています。

最新鋭のAUVは、全自動で動くロボットで、2000年代にはいって活発に利用されています。大西洋に墜落した航空機を発見したのがAUVであることからわかるように、深海広域探索に威力を発揮しています。SSSだけを取り付けた簡単なものから、海底熱水鉱床を調査する高度なものまで各種開発されています。2015年の日本テレビの調査では、Gaviaという小型AUVが使われ、伊４０２の鮮明な音響映像（図2.2.1）を取得してきました。今回の調査では、多くの潜水艦を詳細に調査して区別する必要があったので、AUVによる調査はおこなわず、ROV調査に重点をおいています。日本のAUV開発を35年もの間引っ張ってきた著者の浦としては、このプロジェクトにAUVが威力を発揮することができなかったことは残念なことです。

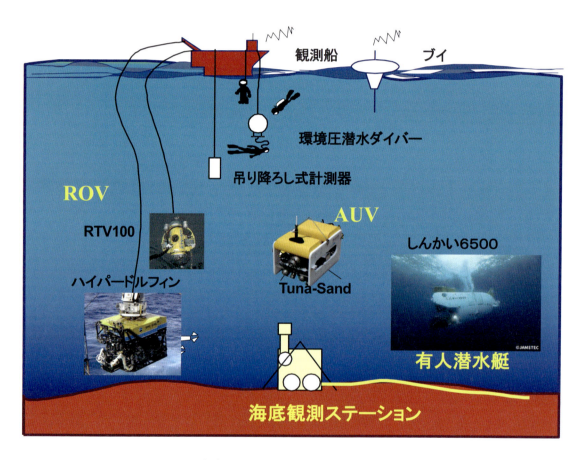

図2.4.1　海中を調査するための一般的な道具立て

2.4.1 調査システム

（1）ROV

調査に利用したROVは日本サルヴェージ（株）所有の「Quasar 8」です。(http://www.nipponsalvage.co.jp/ship/work03_01.html　参照）その諸元は、

　　最大潜航深度：1000m
　　長さ：3.2m
　　幅：1.8m
　　高さ：1.8m
　　重量（空中）：3.5ton
　　スラスタ：水平4基、垂直2基
　　マニピュレータ：7自由度と5自由度
　　搭載機器：HDDカメラ、スキャニングソナー

です。図2.4.1.1はA-フレームクレーンで船から振り出されたROVです。この上部から図2.4.1.2のウインチに巻き取られているアンビリカルが延びています。ケーブルの巻き出しや巻き取りは図2.4.1.3のようにROVの船上のステージの横に取り付けられているウインチ操縦盤でおこないます。ROVからの情報は、コンテナ内に送られ図2.4.1.4の表示装置に表示されます。ROVの状態も表示され、オペレータがROVをコンテナ内から操縦し、ケーブルウインチの操作も指示します。

　図2.4.1.1のROVの下部には、アルミニウムフレーム（スキッドと呼ばれる）が特別に取り付けられています。ここに、東京大学が開発した三次元画像計測システム「SeaXerocks」が設置されています。この装置は、潜水艦の三次元形状を画像計測するもので、後に潜水艦群をバーチャルリアリティー（VRと書く）で表現するための基礎資料を得るためのものです。

図2.4.1.1　調査に利用したROV「Quasar 8」。支援船「早潮丸」の中央部分に、A-フレームクレーンやウインチとともに設置され、右舷側に振り出して展開します。

図2.4.1.2　左舷側に設置されたケーブルウインチ。ケーブルは、ROVを吊るだけでなく、電力の供給と情報のやりとりをする伝送路です。

図2.4.1.3　デッキ上のROVと機側にあるウインチ操縦盤。ここでROVの整備と調整をおこないます。

図2.4.1.4　コンテナ内のコンソール。ROVからのビデオ画像やソナー画像、ROVの状態などを表示します。操縦者は3名が一組になり、交代で操縦します。網がかぶっている潜水艦に近づくと、網にひっかかったり、プロペラが網を吸い込んだりする危険性があり、操縦は慎重におこなわれます。

ROV から送られてくる画像は、HDD カメラ、通常のカメラ、およびスキャニングソナー画像です。コンテナ内の操作パネルに表示され録画されます。スキャニングソナー画像は、録画指示が遅れたために、調査前半部の記録は失われ、残念ながら後半部の記録しか残っていません。

HDD カメラは、Insite Pacific 社製 Mini Zeus で、図 2.4.1.5 に示されるように画像には、左上隅に、H、D、および A の 3 つの値が書かれています。H は、ROV の方向（Heading）で度で表され、北を 0 度とし、時計回りに 360 度まで。D は深さ（Depth）でメートル、A は海底からの高度（Altitude）でメートルで表されています。図 2.4.1.5 では A は 0.0 になっていますが、これは、ROV が潜水艦に近づいていて、高度計が真下の潜水艦の表面からの高さがゼロであることを示していることによります。左下は時刻で日本時間で、日/月/年、時：分：秒、午前午後（AM と PM）が表示されています。カメラは、パン・チルトの操作ができますが、通常は正面を向いています。パン・チルト装置の上には、光軸間隔 100mm の赤色平行レーザー装置が取り付けられています。光が潜水艦の上に反射する 2 点を見れば、その間隔が 100mm であることがわかります。遠近感の分かりにくい水中画像を見るときに、対象の大きさや距離を判断するのに役立ちます。本装置は、JAMSTEC のご協力を得て借用しました。

通常のカメラは、Kongsberg Maritime 社製 oe14-366（PAL 仕様）で、その映像は図 2.4.1.6 のように表示されています。HDD カメラと同じく、H、D、A、および年月日が記載されています。A の値は図 2.4.1.5 と同じくゼロを示しています。図は、No.24 の艦尾部で、図 2.4.1.5 と同じ物です。HDD カメラより明るく、色が見えています。

スキャニングソナーは、Kongsberg Maritime 社の MS 1000 で、周波数 675kHz のビーム状の細いパルス信号を出して、スキャンしていきます。図 2.4.1.7 は No.1 を調査するために、No.1 に ROV が接近していくときの出力です。中央下部の円弧の中心がソナーの位置で、正面から左右 90 度が示され、この図の場合は 50m の距離までが表示されています。

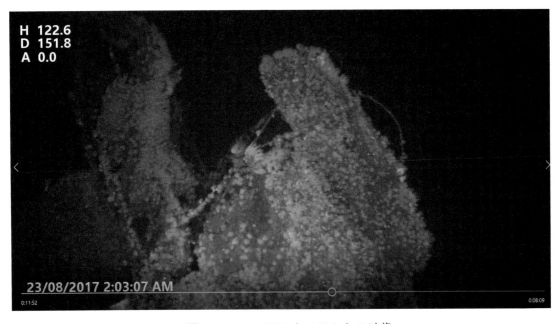

図 2.4.1.5　HDD カメラからの映像

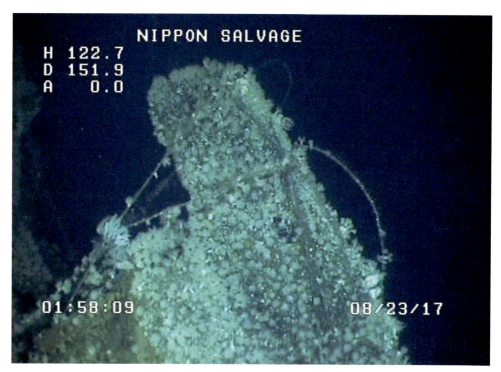

図 2.4.1.6　通常カメラからの映像

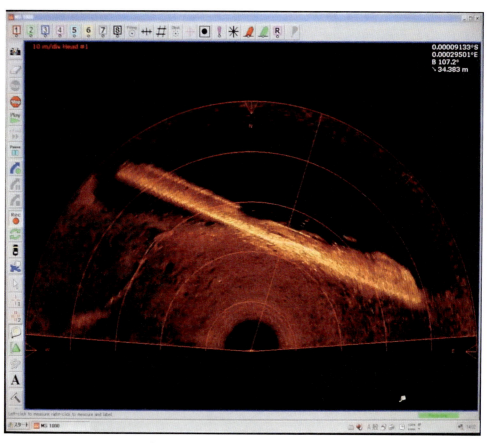

図2.4.1.7　No.1のスキャニングソナーの映像。ソナーから50mまでの範囲が表示されています。

（2）支援船

ROV を展開するために利用した支援船は日本サルヴェージ（株）所有の「早潮丸」（図 2.4.1.8 参照）です。(http://www.nipponsalvage.co.jp/ship/work01_02.html　参照) その諸元は、

　　　総トン数：322ton
　　　全長：45.13m
　　　幅：10.0m
　　　速力：最大 13.6 ノット、巡航 11.5 ノット
　　　船位保持システム（DPS）：Kongsberg Maritime C-POS

です。ROV 作業において、支援船が持つ機能として重要なものは、船位保持システムです。

通常の船舶ですと、前進機能が優先されるために、長手方向（後方）を向いた固定されたプロペラがついています。そのような船では、海底作業のように船を一定点で止める必要がある場合には、船長は、風と潮の強さと方向を見極めて、流される方向に船尾を向けて流される速度に合わせて前進して位置を保持しようとします。

図 2.4.1.8　ROV 展開作業に用いた支援船「早潮丸」。船尾のデッキに、ROV 作業に必要なウインチやコンテナを積み込みます。

このような伝統的な推進方法の船では、船の位置を変えること、特に横に移動させることはとても困難で時間のかかる作業になります。そこで、船体を左右に貫通するようにトンネルを作り、中にプロペラ（サイドスラスタ）を配置して、左右にも動け、方位も変えられるようにします。JAMSTECの多くの船は複数のサイドスラスタを取り付けて操船の自由度を上げています。さらに進んで、船底に360度どの方向へも首を振ることのできる推進器（アジマススラスタ）をとりつけ、運動の自由度を高める作業船が造られるようになりました。そのおかげで、船長は、GPSデータを基にして船を数メートル単位で左右に瞬時に動かしたりすることができるようになりました。これがDynamic Positioning System (DPS)と呼ばれるものです。アジマススラスタの配置だけでなく、複数のスラスタを目的に沿って動かす自動制御システム、すなわちソフトウェアが重要です。

　図2.4.1.9はROVによる潜水艦調査の模様を模式的に描いてあります。No.25の立ち上がる潜水艦が対象です。潜水艦には多数の漁網や漁具がからまっていてそれを避けて操縦する必要があります。ROVにはケーブルがついていますから、ROV操縦者は、ケーブルと潜水艦との位置関係を常に頭にいれておかねばなりません。つまり、ケーブルは潜水艦の反対側にあるようにする必要があります。そのためには、支援船の位置は、ROVが潜水艦の手前、すなわち、支援船—ROV—潜水艦という並びの位置取りになるようにしなければなりません。支援船の船長は、ROVの動きに合わせて、ケーブルが潜水艦から離れるように船の位置取りをします。そのために、DPSは調査を安全に確実におこなうために必要な装置となります。

　ROVが潜水艦の反対側に回って調査しようとする時を考えます。支援船の位置をそのままにして、ROVが潜水艦の周囲を回ろうとすれば、支援船—潜水艦—ROVという位置関係になるので、ケーブルが潜水艦にからまるかもしれず、危険でできません。ROVのオペレータは、支援船の船長に取るべき位置を順次伝え、少しずつ潜水艦の周りをまわっていきます。

　このような複雑なROV作業を安全に、かつ効率よくこなすには、支援船のDPSが極めて重要な役目をはたします。また、オペレータにも高い技量が要求されます。

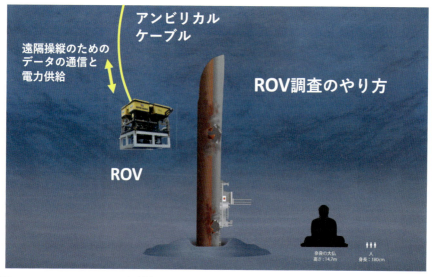

図2.4.1.9　ROVと調査対象との位置関係。ケーブルの端は、海面の支援船です。

（3）情報公開

　私たちは、プロジェクトをおこなうに当たって、情報公開が極めて大切であるとの認識に立っています。参加者はボランティアであり、資金は、一般の方々からの寄付と日本財団からの助成によっています。私たちがやっていることを包み隠さず示し、世に問うことが重要であると考えました。ROV調査は、経費がかさむために滅多におこなうことのできない極めて貴重な調査です。その調査をリアルタイムで公表することをもくろみ、国立研究開発法人情報通信研究機構（NICT）と（株）ドワンゴに協力を求めました。

（4）超高速インターネット衛星「きずな」とアンテナ

　陸岸から遠く離れている海上から、ROVがビデオカメラで見ている水中画像をリアルタイムで一般の方々に届けるには、衛星通信しか手段がありません。一般に利用できる通信は、インマルサットを経由した方法です。しかしながら、通信利用料金は極めて高く、伝送容量も小さいために私たちのプロジェクトに採用することはできませんでした。そこで、NICTが開発している高速通信衛星「きずな」と小型船舶にも搭載可能な小型アンテナを通じたビデオ映像長時間通信を、海上通信実験として採用していただき、4日間のリアルタイム情報提供を可能にしました。

　NICTとラ・プロンジェ深海工学会は、「五島列島沖合無人海底探査機調査における連携に関する覚書」を結びました。これの上に立って、支援船「早潮丸」上にNICTが開発したアンテナを搭載し、（株）ドワンゴのニコニコ生放送としてROVからの画像などのコンテンツをリアルタイムで配信することにしました。その内容は、2017年8月9日に、
「長崎・五島列島沖 旧日本海軍・潜水艦『伊58』特定プロジェクト 水中ロボットによる潜水艦調査を独占生中継」
として、NICT、（株）ドワンゴ、ラ・プロンジェ深海工学会の三者が連名でプレスリリースをしています。

　「きずな（WINDS: Wideband Inter Networking engineering test and Demonstration Satellite）」はNICT及びJAXAが開発し、2008年2月23日に打ち上げられたKa帯（表2.4.1.1参照）による高速衛星通信システムの構築に関する技術実証を目的とした衛星です。この衛星を利用するために、内閣府の総合科学技術・イノベーション会議が主宰する戦略的イノベーション創造プログラム（SIP）の中の海洋プロジェクト「海のジパング計画（次世代海洋資源調査技術）」では、小型船の揺れる船上からでも通信が可能なアンテナを開発してきました。その技術を確認する実験として、私たちの調査のリアルタイム配信が採用され、長崎県五島列島沖合の「早潮丸」と、NICT鹿島宇宙技術センターとの間で伝送速度10Mbpsの衛星通信回線を構築し、ROVからのビデオ映像をリアルタイムで配信しました。ただし、ROVの映像はHDD映像ですが、これを送ることはできず、画質を下げて送っています。また、ニコニコ生放送の特性を生かして、支援船に乗っている研究者が視聴者のコメントを閲覧・回答する等の双方向コミュニケーションも可能となりました。なお、今回使用する衛星通信機器は、総務省委託研究「海洋資源調査のための次世代衛星通信技術に関する研究開発」において開発したもので、今回の高速衛星通信回線の構築は、当該研究開発の実証実験の一環として実施しました。

「きずな」が利用している周波数帯域Ka帯とインマルサットなどで現在利用されているL帯およびKu帯の違いを表2.4.1.1に示します。通信速度が速いために、陸上並みのインターネット通信速度が確保され、広く使われるようになることが期待されます。しかしながら、実用衛星の開発、料金の問題、アンテナの価格など、今後越えていかなければならない課題は多くあります。

表2.4.1.1　現在利用されている周波数帯と「きずな」の利用するKa帯の違い

帯域名	L帯	Ku帯	Ka帯
サービス	Inmarsat BGAN等	KDDI Optima Marineサービス、OceanBB等	
周波数	1.5〜1.6GHz	12〜14GHz	20〜30GHz
伝送速度	432kbps程度	500kbps程度	5Mbps以上可能

図2.4.1.10は「早潮丸」船上に設置されたNICTのアンテナです。直径が1m弱のドームの中に衛星を追従するアンテナが設置されています。手前のROVにつながるケーブルを経由し、このアンテナを通じて情報が地上のインターネットに接続されているのです。

図2.4.1.10　コンテナの上に設置されたNICTのアンテナ

2．調査の歴史と履歴

図 2.4.1.11　ドームを取り外したアンテナ本体の機構

超高速インターネット衛星
「きずな」

鹿島宇宙技術センター

ニコニコ生放送
（ドワンゴ）

お茶の間に海を！

図 2.4.1.12　ROV からの画像情報がお茶の間のコンピュータに届くまでの経路。「お茶の間に海を！」は著者の浦が長らく訴えてきた標語。

39

「きずな」を中継器とする通信回路を確保して、ROV からの映像や船上の作業風景をインターネットを通じて発信することができました。図 2.4.1.12 は全体のシステム図です。放送コンテンツは（株）ドワンゴが管理し、ニコニコ生放送で同時中継されました。雷雨による中断や、システム調整のための中断はあったものの、連続 93 時間におよぶ生放送に成功しました。

　生放送を見ている人たちからのコメントや感想は、船上でも見ることができ、長時間の作業に花を添え、また、潜水艦に関する貴重な情報を得ることができました。

　ニコニコ生放送は、

http://live.nicovideo.jp/watch/lv304091245

で「みんなで特定しよう！ 旧日本海軍『伊 58』潜水艦 水中ロボによる海底探査を生中継」というタイトルで配信され、2018 年 11 月 12 日現在も視聴することができます。生放送開始時刻は 07 時ですので、ROV 画面に表示されている時刻（日本時間）との差は 7 時間です。図 2.4.1.13 は、放送開始前のニコニコ生放送の画面です。

（株）ドワンゴはニコニコ生放送を通じて独占的に調査を実況中継をしたわけですが、NICT の施設を利用したり、プロジェクトチームが最大限の協力をすることを鑑みて、報道他社が、ニコニコ生放送のビデオ映像を無料で利用できることを約束しました。ただし、それは、衛星中継された映像で、伝送速度の問題があり、解像度を落としていて、オリジナルの HDD 映像ではありません。報道関係者からの希望があれば、オリジナルの HDD 映像をお渡しすることにしています。それを利用して、BS 朝日が 30 分程度の番組を作っています。

図 2.4.1.13　ROV が潜航する前から始まったニコニコ生放送の画面。番組が終わったときの閲覧総数は 56 万人、コメント数は 44 万件にもなっています。

2.4.2　調査体制

　ROV 調査は、現場にて ROV の動作を指示することから始まって、現場での艦名の推定、支援体制の確保など、多岐にわたっています。それらは、表 2.4.2.1 に示す体制にておこないました。もちろん、バックヤードで支えてくださった多くの方々がいらっしゃることを忘れてはいけません。

　また、ニコニコ生放送をおこなったことにより、それを見ていただいた方々も調査に参加していたといってよいでしょう。調査中に有用なコメントをいただいています。

表 2.4.2.1　ROV 調査体制。サブボトム調査は、ウインディーネットワークが独立しておこなったもので、本報告書にはその結果は含まれていません。

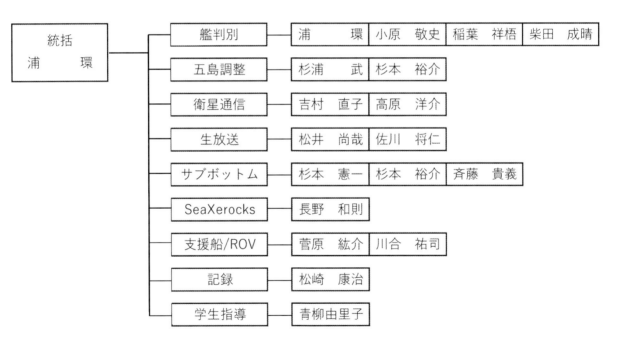

2.4.3 調査プロセス

　ROV 調査は、Discovery Channel が調査したであろう No.7 から開始し、大型艦である可能性のある艦影（東側に位置する No.17、No.25、No.20、No.24）を早めに調査し、かつ移動距離が少なくなるように第 1 周目の調査をおこない、全艦を調査しました。図 2.4.3.1 は、第 1 周目に ROV が移動した順序を地形図の上に書き込んであります。移動のたびに ROV をデッキ上に揚げると、時間を消費するので、極力水中を移動させて、アイドルタイムの節減を図りました。ついで、疑問が残る艦について再確認の調査をおこないました。

　長距離の移動のとき、および、網がスラスタに絡んで修理するために、ROV を何回かデッキに揚げています。それ以外の時間は、連続して調査を続けました。

　表 2.4.3.1 は、全体のタイムテーブルで、各艦の調査開始時刻と終了時刻を示しています。ニコニコ生放送の経過時間（8 月 22 日 07 時開始）とはおおよそ 7 時間のずれがあることに注意しておきます。

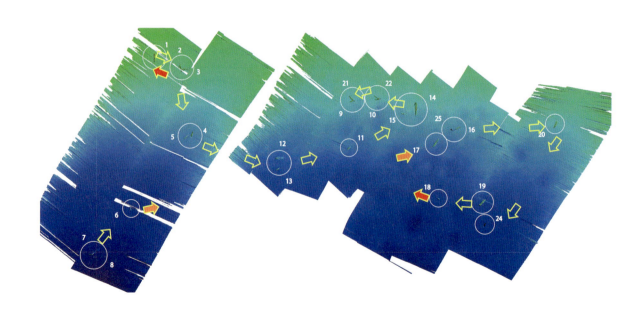

図 2.4.3.1　第 1 周目の調査順序。南西部の No. 7 が伊３６であることを確認したのち、No.6 を経由して No.17 に進みました。東側を終了して No.18 から No.1 へと移動して、No.21 と No.9 で一巡しました。

特徴を容易に識別できる艦と、特徴がわかりにくい艦とがあり、また、同型艦を区別するために、細部にこだわって調査をおこなったものがあります。最後には、No.25、すなわち垂直に立った伊47の全長にわたって全周を撮影しました。これにより、三次元モザイクができると考えました。

潜水艦の周囲には、1カ所を除いて大きな破片を発見することはありませんでした。破壊されて飛び散った部分については不明です。

ROV調査をしながら、いくつかの艦（No.7、No.25など）についてはその場で特徴点から特定できています。しかし、多くの艦を特定するには、ビデオ画像を詳細に検分することが必要でした。9月7日に記者会見をしたときには、確実な艦の特定結果を発表しました。さらに検討を重ね、12月3日の記念艦三笠講堂での講演会のときまでに、波101型の4艦をのぞいて、20艦の艦名を特定しました。その判断基準は、次章に詳しく述べます。

表2.4.3.1 各潜水艦にROVが到着した時刻と離脱した時刻。ROVが撮影したビデオ映像に表示されている時刻を採用。コメント欄はニコニコ生放送の記述を若干修正して転載しています。

No.	艦名 特定結果	時刻 到着	時刻 離脱	ニコ生 経過時間	コメントあるいは現場での判断
		2017年8月22日			
7	伊36	9:27:46	11:05:05	3:02:30	伊36と特定
8	波106	11:11:25	12:27:55	4:56:05	波100番台のどれか（波103以外）
6	波101型	12:58:27	13:45:30	6:05:00	波201・202・203・208のどれか
*				7:15:45	解説編
17	伊157	15:18:16	17:13:40	10:04:30	伊162と推定
		17:48:57	17:58:58		No.17近くの落下物（艦首部？）調査
25	伊47	18:39:58	20:59:47	12:20:55	伊47と推定
16	波202	21:13:33	22:30:58	14:16:00	波201・202・203・208のどれか
20	伊366	23:16:15	0:18:10	14:16:00	伊366か伊367と推定
		2017年8月23日			
24	伊58	1:02:35	3:18:10	20:10:50	伊156・157・159のどれか--->伊58
19	呂50	3:27:40	5:02:10	22:04:40	呂50と特定
18	波101型	5:25:21	6:03:22	22:58:40	波100番台のどれか
*				24:09:09	作戦会議室での1日目振り返り・質疑応答
1	伊53	7:50:40	11:15:29	27:19:30	伊53か伊58と推定
2	伊158	11:55:18	13:03:40	29:22:10	伊158と推定（伊156との指摘も）
		13:05:30	13:17:55		一度No.3の艦首部に行き、再びNo.2に戻る
3	波103	13:04:12	13:05:21	30:25:00	波100番台のどれかと推定
		13:20:45	14:01:11		No.3到達後、一度No.3の艦首部に行き、またNo.2に戻る
4	伊156	14:34:35	18:15:19	34:36:50	伊156・157・159のどれか
5	波203	18:18:20	19:06:49	35:23:30	波201・202・203・208のどれか
		19:08:05	19:08:42		No.5近くの落下物を調査
		19:12:00	19:16:26		No.5近くの落下物を調査
12	伊367	19:49:47	20:53:36	37:21:40	伊366か伊367と特定
13	伊101型	21:01:39	21:26:10	39:10:40	波100番台のどれか
		21:33:52	22:29:10		一度No.13を離れ、再びNO.13戻る
11	伊101型	22:59:23	23:41:43	40:06:15	波100番台のどれか
		23:41:49	23:42:15		No.11近くの落下物を調査
		23:42:43	23:49:47		再びNo.11に戻る
*				41:06:18	作戦会議室での解説トーク・質疑応答

No.	艦名 特定結果	時刻 到着	時刻 離脱	ニコ生経過時間	コメントあるいは現場でのの判断
		2017年8月24日			
10	伊162	0:18:52	0:23:29	43:12:30	推定不可
		0:58:30	2:15:27		一度No.10を離れ、再びNo.10に戻る
22	波208	2:18:18	3:01:47	43:56:20	波201・202・203・208のどれか
21	伊159	3:37:13	6:10:30	44:43:00	波100番台のどれか。No.9と重なっている
		7:28:30	7:32:39		途中でNo.9を調査して、再びNo.21に戻る
9	波105	6:23:25	7:27:10	47:21:30	波100番台のどれか。No.21と重なっている
		7:33:35	7:45:07		7:21:10〜7:33:35の間はNo.21を調査、7:27:10以降はNo.21と混在して調査
15	波201	8:43:46	9:37:41	49:46:10	波201・202・203・208のどれか
14	伊402	9:51:35	10:34:35	50:52:50	伊402
10	伊162	10:55:23	13:50:34	54:07:35	伊162が最有力（魚雷発射管、アンカー左舷のみなどから）
*				55:01:30	ROV引き上げ
*				55:30:55	学生インタビュー
1	伊53	15:04:30	16:03:45	56:29:45	伊58が最有力に（まだ伊53の可能性も）
*		20:52:07	21:35:45	62:34:50	網にからまる
*				62:44:35	ROV引き上げ
*				63:10:55	作戦会議室での解説トーク・質疑応答・網タイツについて
*				63:55:16	ROV投下しようとするも調整が必要となり回収
4	伊156	23:26:40	2:56:38	67:41:40	伊53の可能性を探るも、伊156・157・159説が再浮上
		2017年8月25日			
2	伊158	3:44:15	4:52:40	69:25:35	伊158と特定
12	伊367	5:38:20	5:54:47	70:45:45	伊366か伊367判別できず
21	伊159	7:18:33	8:22:30	75:23:35	No.21(上)：伊157か伊159、No.9(下)：波100番台のどれか
		8:45:28	10:08:58		No.21とNo.9が重なっているため混乱。整理して再開
		9:58:57	9:59:03		No.21の調査中に、No.9を見る
9	波105	10:09:19	10:24:50		No.9を調査
15	波201	10:58:15	11:29:27	76:25:25	波200番台のどれかと再確認
17	伊157	11:58:38	13:31:27	77:24:00	伊157・159・162のどれか
16	波202	14:12:04	14:21:15	79:13:00	波201・202・203・208のどれか／一旦あげる
5	波203	15:41:49	16:21:20	80:40:00	波200番台から波100番台に修正
19	呂50	17:26:10	18:06:19	82:20:00	呂50の振り返り解説（徹夜4日目のご挨拶）
		18:35:47	19:04:03		豪雨で衛星通信回路がダウンし中断した後の再開
24	伊58	19:15:04	21:06:34	85:10:51	伊53と推定--->伊58
*				86:42:46	作戦会議室での漫談海洋工学研究会・質疑応答
1	伊53	22:32:49	23:25:16	88:21:50	伊58と推定--->伊53
		2017年8月26日			
25	伊47	0:37:17	以降、時刻表示無し	89:39:40	伊47と特定
*				91:23:45	全調査終了
*				91:38:12	エンディング・最後の質疑応答

注　＊　　　　　　　　調査以外のインターバルタイム
　　ニコ生経過時間　　ニコニコ生放送のWebPageに掲載されている放送経過時間

2.5　報告会

　調査の基盤は、ボランティア活動です。また、多くの方々からの寄付をいただいています。そこで、調査活動は、適宜とりまとめて講演会などを開催して発表するように努力しました。主なものを以下に示します。開催年は 2017 年です。

　１）5 月 25 日　　　記者会見、航空会館会議室：SSS 調査結果の発表
　２）7 月 8 日＊　　　講演会、記念艦三笠講堂：SSS 調査結果の解説
　３）7 月 26 日＊　　バトルトーク、東京大学生産技術研究所会議室：JAMSTEC 髙井研氏と海中技術について議論する
　４）8 月 12 日＊　　座談会、ドワンゴスタジオ：浦、古庄、勝目によるプロジェクトについての意見発表
　５）9 月 7 日＊　　　記者会見、日本財団会議室：ROV 調査結果の発表
　６）10 月 7 日　　　講演会、長崎ペンギン水族館：小中学生向けの講演会
　７）10 月 10 日　　講演会、JAMSTEC 会議室：academist 寄付者を対象としたプロジェクト成果の解説
　８）10 月 20 日　　講演会、東京大学大気海洋研講堂：プロジェクトの成果の発表
　９）12 月 3 日＊　　講演会、記念艦三笠講堂：調査結果の報告会
１０）12 月 16 日　　講演会、アルカス SASEBO 会議室：調査結果の報告会

　注　＊は、ニコニコ生放送にて放送されました。

3．艦の特定

　本章では、どのような画像データあるいは情報に基づいて艦名を特定したかを、艦毎に、艦の大きさの順に述べていきます。艦によっては他艦が特定されて、排除的に結論が導き出されるものもあります。その場合には、判定の順序が前後することがあります。

　本章の挿入図面とSSS画像の比較の図においては、SSS画像をそのまま提示し、SSS画像の艦首尾方向に図面を合わせています。そのために、艦が右を向いたり左を向いたりしています。

3．1　大型艦（潜特型、乙型、丙型）

3．1．1　伊４０２（No.14）

　日本テレビの調査でNo.14が伊４０２であることは、すでに述べたように本プロジェクトを始める前から分かっていました。確認のために、私たちの調査では、ROVは一度、伊４０２を訪問しています。図3.1.1.1は海没処分前の航空機格納筒のハッチです。半開きになっています。図3.1.1.3は海底で半開きになったハッチです。図3.1.1.4はデッキ上の40口径14cm単装砲、図3.1.1.5と図3.1.1.6はデッキ上に延びるカタパルトです。カタパルトより先端の部分は、図2.2.1で分かるように破壊されています。図3.1.1.2は、水中写真それぞれの撮影位置と方向の概略を矢印で示しています。

図3.1.1.1　連合軍により撮影された、海没処分前の伊４０２の航空機格納筒ハッチとその前にあるカタパルト。この二つの組み合わせは、伊４０２の特定の証拠の一つです。

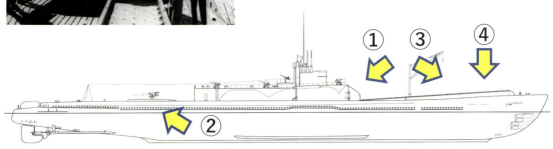

図3.1.1.2　伊４０２側面図。『日本海軍の潜水艦』から転載。図中の番号は、以下のビデオクリップの図中番号に対応しています（以後、同じ）。矢印はおおよその視線方向。

3．艦の特定

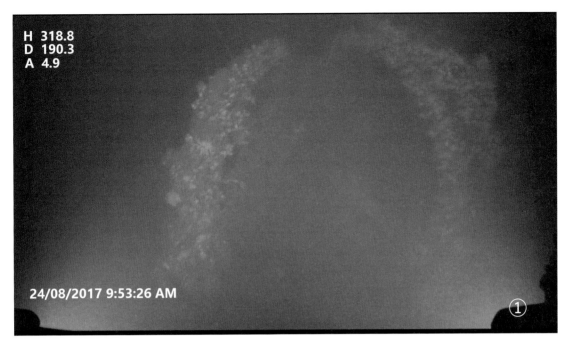

図 3.1.1.3　格納筒前部と半開きになっているハッチ

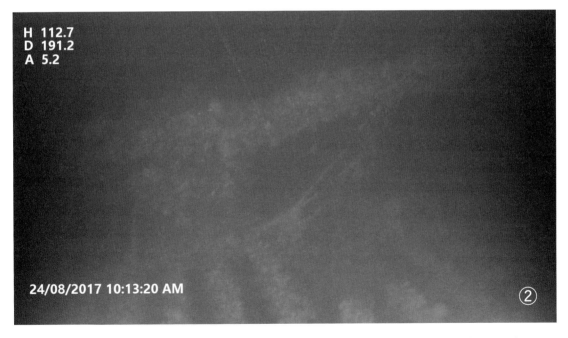

図 3.1.1.4　40口径14cm単装砲。甲板の板材はなくなっていてフレームが見えます。

47

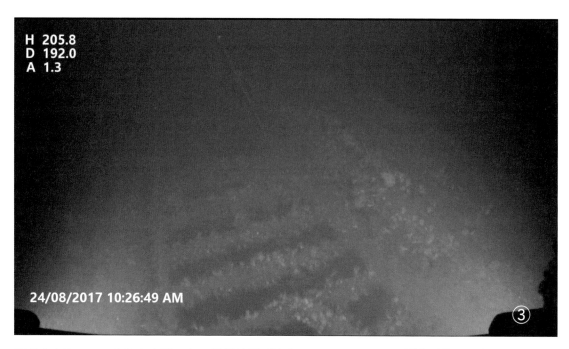

図 3.1.1.5　ハッチ前方のデッキ。外板は飛ばされていて、フレーム構造が見えます。カタパルトは連続して残っています。

図 3.1.1.6　前方のデッキ。外板は残っています。この左側が前端です。

3.1.2 伊36 (No.7)

　伊36 (No.7) は、ほぼ水平を保って鎮座し、艦橋部に漁網はからまっておらず、詳細を観察することができました。艦橋は原型を保っていました。そのために、これを特定するのはとても簡単でした。

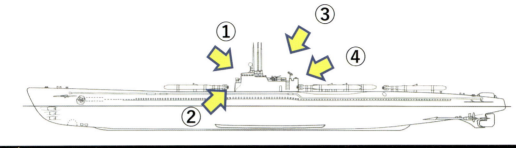

図3.1.2.1　伊36の側面図とSSSの比較。艦橋は残っているものの、全体は大きく破損しています。なお上図では回天が搭載されていますが、処分時にはありません。他の回天搭載艦についても同じです。

　主たる判定ポイントは、艦橋に関わるもので
　（１）艦橋の手すりは板で構成されていない
　（２）艦橋側面がなだらか
　（３）左右はしごの艦首側に扉がある
　（４）シュノーケルがない
　（５）電探台座の形状
　（６）電探台座と艦橋前面が近い
　（７）艦橋窓列後端部が傾斜
です。これらを示すROV画像は、図3.1.2.2から図3.1.2.5に示されています。また、ROVカメラ視点と方向の概略は図3.1.2.1に示されています。
　4艦ある乙型と丙型、また海大型の潜水艦の建造時の図面は散見されるのですが、終戦時までに変更が加えられ、変更後の図面がありません。そこで、参考になるのは、米軍が海没処分前に撮影した映像です。
　乙型、丙型の潜水艦の艦橋の特徴は、図3.1.2.6に示されています。これは、大渕克氏からご提供いただいたもので、伊47を除く3艦の艦橋の形状の違いが、明確に示されています。大渕氏は、私たちが参考にした同じ米軍の映像を元に、模型を作り、比較しています。したがいまして、図3.1.2.6は、海没処分されたときの形状と判断されます。図3.1.2.6を見れば、No.7が伊36である、という結論は揺るぎないものになります。

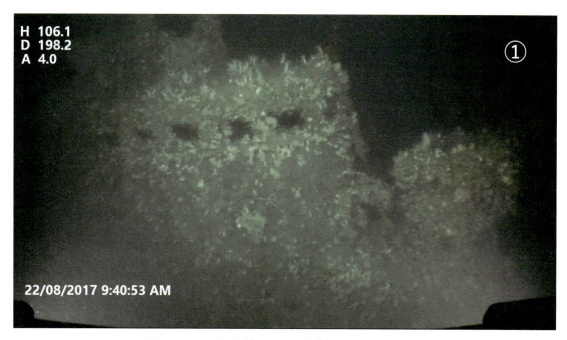

図3.1.2.2　右舷側から見た艦橋とその前の電探

図3.1.2.3　左舷側から見た電探。電探前部から下の艦橋前部が垂直に下がっています。

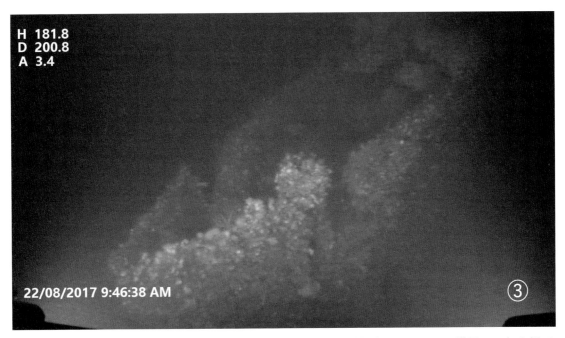

図 3.1.2.4 艦橋後部を右舷上方から見えます。手すりの形状がはっきりし、梯子への切れ込みが左右対称についています。

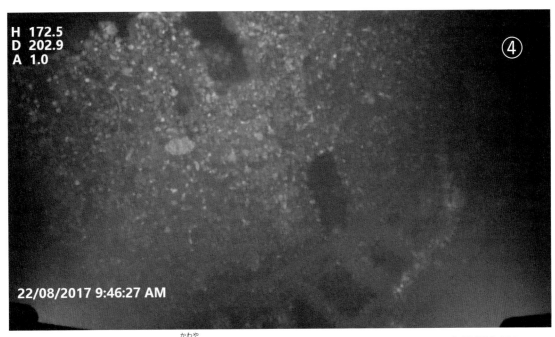

図 3.1.2.5 右舷側艦橋下部。厠(かわや)のドア（厠扉）が見えます。図 3.1.2.6 は、左舷側を示していますが、同様のドアが作り込まれています。

図3.1.2.6　伊36、伊58、伊53の艦橋の違い。模型は大渕克氏製作で、写真資料のご提供を受けました。原型は、米軍の海没処分前の映像によっている、と聞いています。回天が搭載されていますが、処分時にはありません。図中のコメントは大渕氏によるものです。

3.1.3 伊47 (No.25)

　伊47 (No.25) は、艦首を上にしてほぼ垂直に 60m の高さに立ち上がっています（図 3.1.3.1）。艦橋より艦尾側の下部は漁網に被われて潜水艦本体はよくみえません。

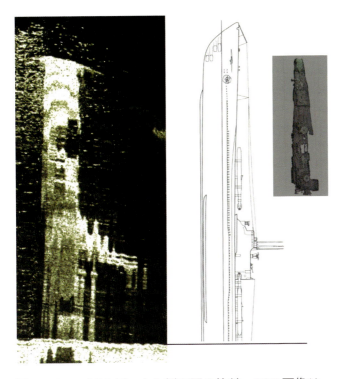

図 3.1.3.1　SSS データと側面図の比較。SSS 画像は、視点が艦の前端から数メートル上にあり、ひずんでいます。右側は、ROV 画像から合成した前部のデッキ上方から見た図。

図 3.1.3.2　先端部分。魚雷発射管の後端部分と考えられます。片舷 4 門の発射管のうち、下部の 2 門に対応すると思われる形状が見えます。

　ROV を上下に動かして深度変化から、艦の前後方向の寸法を計測することにより、海大型ではないことが分かります。

　前端は図 3.1.3.2 のように吹っ飛んでいて、生物に被われています。ROV は前端切断部を上方からのぞき込もうとしましたが、うまくいきませんでした。

　図 3.1.3.2 の深度は 136.4m、図 3.1.3.3 の深度は 175.2m でその差は 38.8m です。この寸法を海大型に当てはめると、先端の破断部は、魚雷発射管よりも前側になり、現実と合わず、乙型か丙型です。

　また、艦橋前部の電探台座あたりが図 3.1.3.3 のように明確に見えます。電探は亡失していますが、電探台座周囲の形状がはっきりと見受けられ、艦橋前部の膨らみの中央部にあります。従って、伊47 と判断されます。

　No.25 は垂直に立ち上がっているので、艦底部を詳細に観測でき、ビルジキールが前方まで伸びていることが分かりました。これは丙型（伊47）の特徴で、『世界の艦船「日本潜水艦史」増刊集 No.469』（海人社、1993 年、p. 68〈同型艦 伊16〉）に描かれています。図 3.1.3.1 の図面にはこのことは反映されていません。

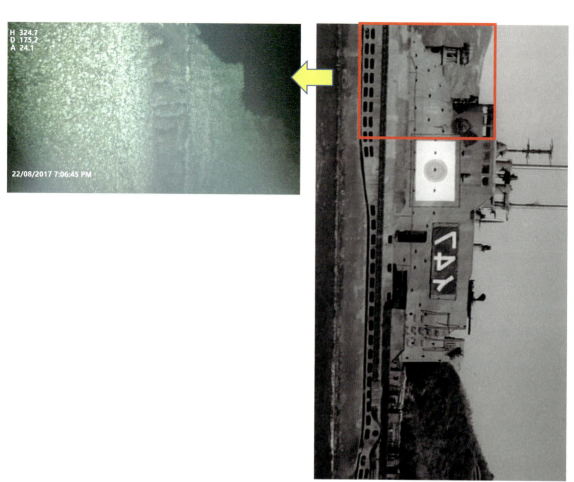

図 3.1.3.3　米軍が撮影した海没処分前の艦橋と、ROV の撮影した艦橋前部の電探台座付近の映像の比較。ROV 撮影は右舷側からなので、海上の写真は裏返しにしてあります。

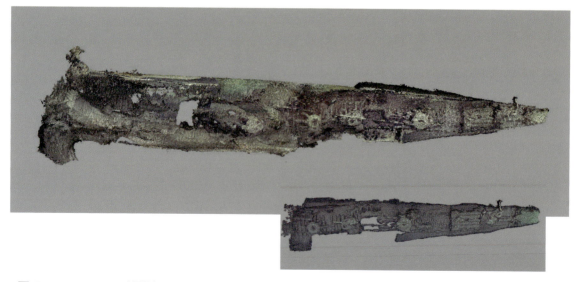

図 3.1.3.4　ROV が撮影したビデオ映像を三次元にモザイクした画像。ハッチやフレーム構造が明瞭に見えます。右下図は、ROV 調査の終了後に作ったものです、上図に比べて狭い範囲を表示しています。

3．艦の特定

図 3.1.3.5　右舷側から見た伊４７のモザイク画像

図 3.1.3.6　左舷側から見た伊４７のモザイク画像。艦底が垂れ下がっているように描かれていますが、これは網が被さっていることと、角度のマッチングが必ずしも正確でないことによります。

　伊４７は、垂直に立ち上がっているので、ROV がその周囲を回ることにより、艦全体の現状を撮影することができました。その一部を使って、画像を接続し、かつ簡易的な方法により三次元化したのが、図 3.1.3.4 の右下の図で、艦橋より前（上部）の部分です。ROV 調査の直後に作りました。上側の図は、範囲を拡げて、海底面から上部の全体を示しています。図 3.1.3.5 と図 3.1.3.6 は、三次元画像を回転させて、別の視点からみたものです。

　これを動画化したものを YouTube に「立ち上がる伊４７潜水艦」

https://www.youtube.com/watch?v=mDBWLyzkgFY

として公開してありますのでぜひご覧下さい。

　2017 年 8 月の ROV 調査は、艦の特定を目指したので、No.25 以外はこのような全体像の三次元化ができるデータをとっていません。後に述べるように、海域全体を三次元化してバーチャル・メモリアルとして提示するには、その目的のための再調査が必要です。

3.1.4 伊53 (No.1)

　伊36と伊47は、ROV画像からの情報でNo.7とNo.25であることが分かりました。残りの伊53と伊58は、No.1とNo.24であることが、艦の長さから分かりますが、どちらがどちらであるかの決め手を得ることはとても困難でした。No.1は裏返しになっています。No.24は艦橋が漁網で被われていて、判断材料に乏しい状況です。

　図3.1.4.2はNo.1の潜舵とその直ぐ後部の水抜き孔です。艦首の魚雷発射管の直ぐ後ろに潜舵が配置されていることから、No.1が海大型ではないことが分かります。右側には漁具がからまるガードのようなものが見えますが、図面ではこれは確認できていません。

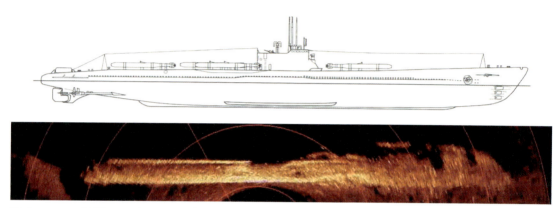

図3.1.4.1　下図はスキャニングソナーの画像。上下が反転していて、艦尾のキールが目立って見えます。艦橋は見えません。艦尾側には多くの漁網が立ち上がるようにひっかかっていて、ROV調査は困難を極めました。艦首も網に被われている部分が多い。

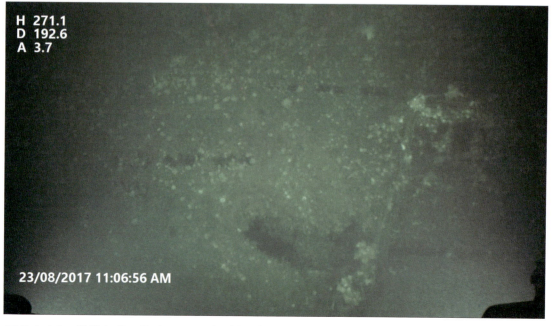

図3.1.4.2　潜舵とその後ろ、および下側の水抜き孔。上下が逆さまになっていることに注意。

3．艦の特定

　図 3.1.4.3 は伊５３と伊５８が並んでいるところの写真です。手前が伊５３です。艦首部を見ると、潜舵を出し入れする孔と周囲の水抜き孔が見えます。３つの水抜き孔が同じように並んでいます。伊５３では、最後尾の孔の上に、もう一つ孔が見えます。一方、伊５８ではそれがありません。

　図 3.1.4.4 は、ROV 画像を拡大したものです。右側には図 3.1.4.3 の伊５３の写真を上下逆にして再掲しています。No.1 には明らかに、二段構えになっている４つめの孔があります。すなわち、No.1 は伊５８ではなく、伊５３である、と判断されます。

　図 3.1.4.5 は艦の中央部分の２列の水抜き孔です。図 1.2.1 を見ると、伊５８では、孔は１列になっていて、対応していません。伊５３についての写真がないので、確認できないのですが、No.1 は伊５８でない、ということは言えます。

 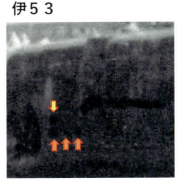 

図 3.1.4.3　艦首部にある潜舵を格納するへの字型の孔。伊５３には黄色い矢印で示されている孔があります。

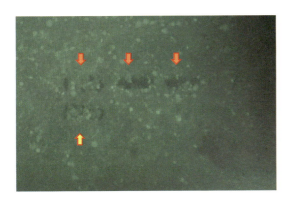 

図 3.1.4.4　水抜き孔の拡大図。生物が付着しているので、見えにくいが黄色い矢印のところに孔があります。右側の図は、図 3.1.4.3 を上下逆にしたもので、孔が対応していることが見えます。ROV 画像はほぼ正面から撮影しているので、右側の斜めから撮影したものに比べて孔の幅が広く見えています。

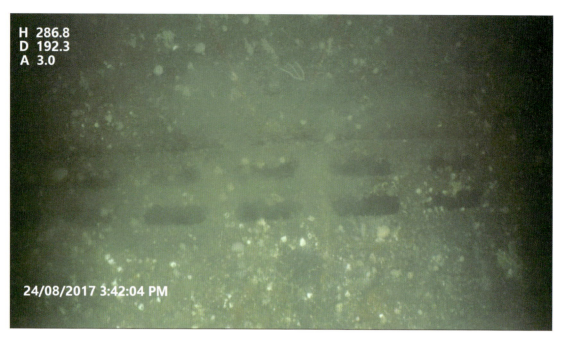

図3.1.4.5　艦中央部の2列の水抜き孔。図1.2.1に見られるように、明らかに伊58ではありません。

　私たちを悩ませたのは、図3.1.4.6の上図のスキャニングソナーの映像です。艦首の大部分は漁網で被われているのでビデオでは直接見えないのですが、ソナーは網を通して艦の形の情報を見せてくれます。図3.1.4.6の下図は、伊58の図面です。

　ソナー画像の右側から、魚雷発射口が見え、その後ろにキールが見えます。キールの前に2つの孔が映っています。『日本海軍の潜水艦』の4艦の図を図3.1.4.7に比較し、この部分に着目しますと、伊36と伊58に2つの孔の記載がありますが、伊53にはありません。

　このことから、調査現場で図3.1.4.6のソナー画像を見たときは、No.1は伊58である可能性が高い、と考えていました。しかし、これまで述べてきた考察より、No.1は伊53であると判断しました。それでは、ソナーデータに図面にない孔があるとはどういうことでしょう。前述の伊47の例などを踏まえ次のように考えました。図面は、必ずしも全てが画かれているわけではなく、図にないからといって、実際には「ある」場合があってもおかしくはないのです。また、水中部ですので、写真がなく、確認する方法を私たちは持ち合わせないのです。従いまして、図3.1.4.7の伊53の図には2つの孔が抜けていると判断し、前述の別の証拠を採用して、No.1を伊53と特定したのです。

3．艦の特定

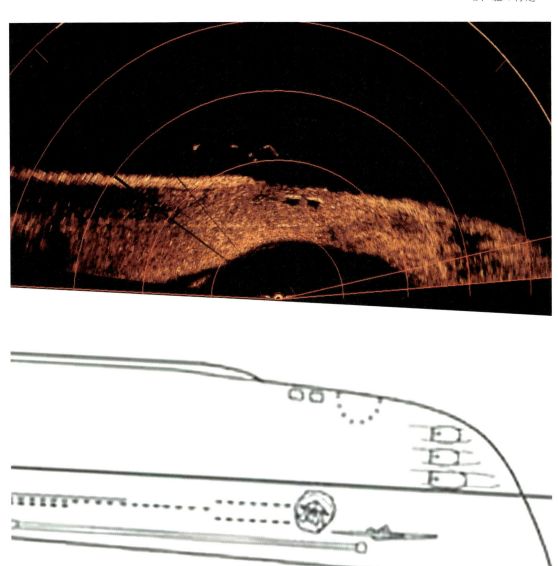

図3.1.4.6 スキャニングソナーに映し出された艦首部分。二つの孔のようなものが見えます。下図は伊５８の側面図で、その孔が画かれています。

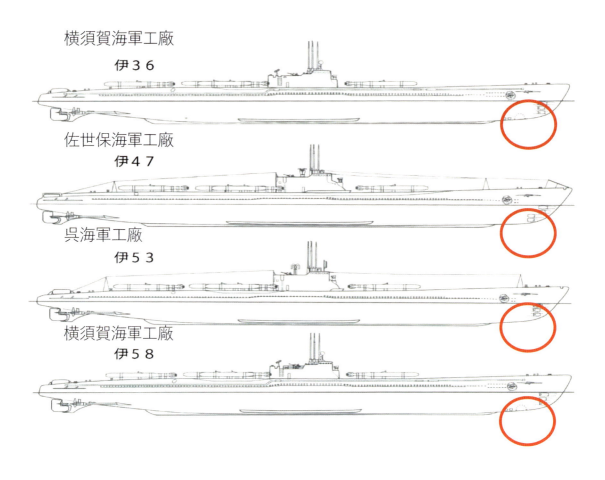

図3.1.4.7 4艦の違い。艦首の下部に注目してください。伊58は、図3.1.2.6にあるように就航後にシュノーケルが取り付けられましたが、それは画かれていません。

3.1.5　伊58（No.24）

　前節で述べたように、No.1 と No.24 の特定は、微妙な差異を ROV からの画像で見えるところから探し出さねばならず、困難な作業でした。しかし、伊５３は、No.1 から十分な証拠を得て、No.1 と特定することができました。残る伊５８は、消去法により No.24 であると言えるのですが、証拠を見つけることができれば、確実性はより向上します。

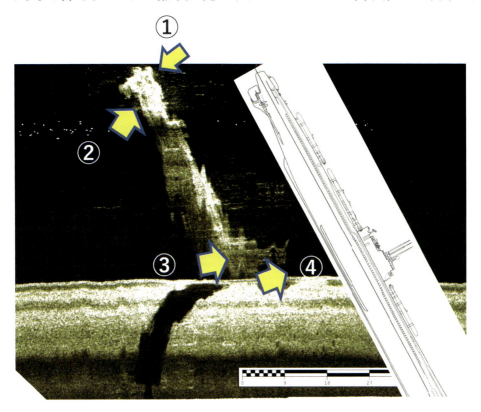

図 3.1.5.1　斜めに立ち上がる伊５８。やや斜めから見ていることと、水平方向と鉛直方向の縮尺が若干異なるために、艦の太さが微妙に異なります。デッキ上の回天は搭載されていません。

　No.24 は艦尾を上にして約 60 度の角度で立ち上がっています。図 3.1.5.1 に見られるように艦橋の前端部より前は海底に埋まっているか、折れています。No.25 もそうですが、海底下がどうなっているのかは分かりません。全てが埋まっていないとすると、大きな部分が脱落して周囲に落ちているはずですが、いずれの艦もそのような部分は周囲にはありませんでした。しかし、30m 以上も突き刺さっているとは考えにくいのです。
　図 3.1.5.2 と図 3.1.5.3 は艦尾の 2 カ所の写真です。図 3.1.5.2 の右側に甲板上の舵が見えます。これは、海大型と違う形状であり、伊３６、伊４７、伊５３および伊５８であることが分かります。3 艦が特定されていますので、この写真により、No.24 は伊５８に特定されます。図 3.1.5.2 の深度（艦尾端）から潜望鏡の位置を示す図 3.1.5.5 の深度を引くと、45.2m の高度差があり、60 度に立っていることから、潜望鏡位置から艦尾までの距離は 52m になり、伊５８であることに矛盾はありません。

図 3.1.5.2 甲板上の舵。艦本体の後の部分が脱落しているので、出っぱっているように見えます。

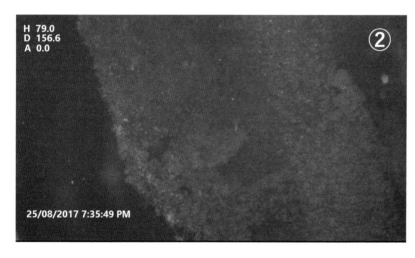

図 3.1.5.3 プロペラ周囲の舵。

　図 3.1.5.3 はプロペラ周囲の舵板やスケグが見えています。図 3.1.4.7 に見られるように、4 艦のこのあたりの形状には差がなく、この写真からは、海大でない、ことしか結論づけられません。

　図 3.1.5.4 の左下図は、ROV で撮影された艦橋の側面です。この部分だけは網に被われていないで、艦橋外板が見えています。図の上側の 2 枚の写真は、その部分の伊５８と伊５３の比較です。ペンキで塗られた日章旗の下の部分の孔の分布は、両艦で異なります。伊５８では 2 列の孔の下には、孔がありません。このことから、No.24 は伊５８であると特定されます。

3．艦の特定

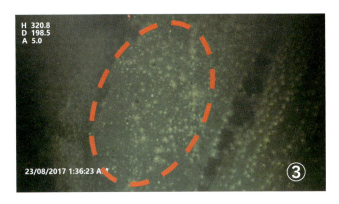

図 3.1.5.4　上の２枚の写真は、海没処分の直前に撮影された伊５８と伊５３の艦橋です。艦橋に塗られた日章旗下部の孔の分布は伊５８と伊５３とでは明らかに違います。下の写真は、No.24 の対応する部分です。赤の破線で囲ってある部分にあいている孔は、伊５３のように沢山なく、伊５８のように２列の下側（③では右側）に孔があいていません。ただし、右舷と左舷が同じであるとしています。

図 3.1.5.5　潜望鏡の付け根付近。深度が 196.4m であることに注意。これと図 3.1.5.2 の深度差により、艦の大きさが推定できます。ROV 写真は上が艦尾であり、右側の水上写真は右側が艦尾です。

3.2　海大型

　海大型5艦の区別は、それぞれの艦の形に特徴が乏しいことから、区別はなかなか難しく、悩まされました。『日本海軍の潜水艦』の図面において、海大3型bの3艦（伊156、伊157、および伊159）の区別はありません（図3.2.1参照）。そのため、3艦については、処分前の写真のみが特定の根拠を示すことのできる材料となります。

　伊36、伊47、伊53、伊58の4艦については、沈没艦の映像からすでに特定されていますので、他の大型艦はすべて海大型になります。

　SSS調査や、マルチビームソナー調査で艦影が短い艦（表2.3.4.1参照）でも、ROVの調査により、艦橋の一部の位置が確認されれば、艦橋の前や後の長さが計測でき、艦の全長を推定できます。また、艦橋の概形により、海大型は中型や小型艦とは区別することができます。すなわち、海大型の候補は、No.2、No.4、No.10、No.17、およびNo.21です。

　本節では、それぞれの艦を特定すべく、ROVからのビデオ画像を頼りに、議論します。

海大3型b：伊156、伊157、伊159

海大3型a：伊158

海大4型：伊162

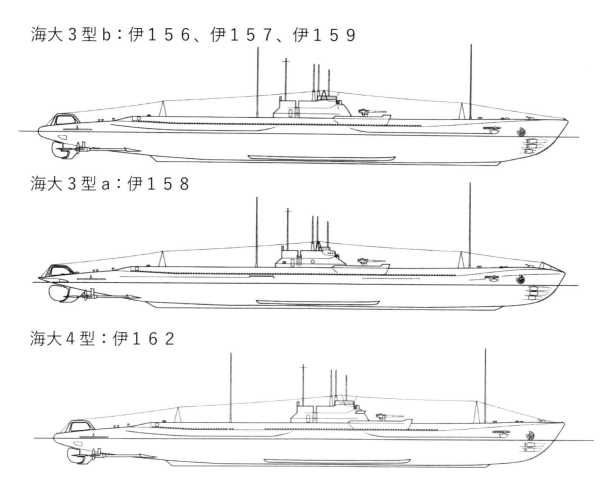

図3.2.1　ほとんど同型の海大型5艦。伊158は、舵板を支えるスケグの形が他とは違うことに注意。また、伊162は魚雷発射管が片舷2門であることに注意。

3.2.1 伊158（No.2）

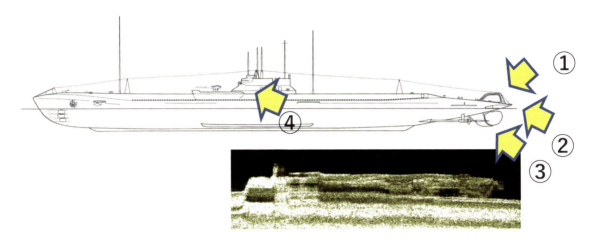

図3.2.1.1　艦橋部分で半分に折れていて艦の後半部分しか残っていない伊158。

No.2 は前部・後部甲板は損傷が激しく、艦橋も網で覆われていて、艦尾以外は判断材料を見る事がほとんどできない状態です。しかしながら、艦尾は特徴のある構造を示しています。

図 3.2.1.2 は艦尾を後ろ側上方から見たところです。平らな甲板上に舵を支えるアーチ状の支柱が見えます。この艦尾を後ろから見ると、図 3.2.1.3 のような薄く尖った艦尾端が見えます。図 3.2.1.1 の形状と一致し、伊158であることがわかります。図 3.2.1.4 は舵板です。丸い形を見れば、海大3型bでも4型でもないことが分かります。

舵を支えるスケグも伊158は他の4艦とは違った形（図 3.2.1）をしていますが、スチル写真では分かりにくいので省略します。

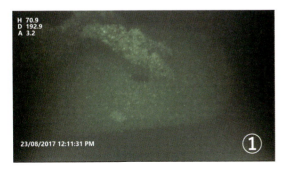 

図 3.2.1.2　艦尾の甲板上を上から見たところ。舵のアーチ状の支柱が見えます。

図 3.2.1.3　艦尾を後ろから見たところ。先端が薄く尖っています。

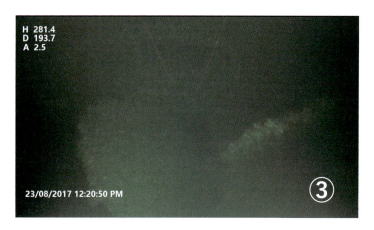

図3.2.1.4 舵板の上、甲板の下にある艦尾魚雷発射管

図3.2.1.5 色調補正をして、図3.2.1.4の上部の魚雷発射管（矢印）を見えやすくしました。図3.2.1.1の魚雷発射管の位置と形状が一致します。

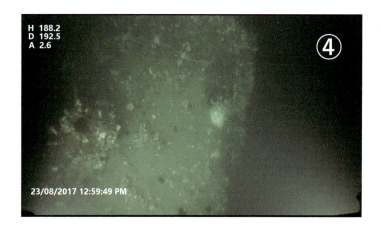

図3.2.1.6 艦橋の前部の張り出し部。小さな水抜き孔が散見されます。

　図3.2.1.4は艦尾の舵の上方部、甲板の下あたりを撮しています。甲板下に魚雷発射管が見えます。図3.2.1.5はこれを見やすくするために色調補正をしています。魚雷発射管の位置と形状が図3.2.1.1の図面とよく一致することが見て取れます。

　図3.2.1.4には舵板と水平舵やスケグが写っていて伊１５８の図面とよく一致します。また、図3.2.1.6は艦橋の前の部分の張り出し部です。これより後ろの艦橋や甲板は破壊されていますが、ここは網がかかっていない状況です。孔が多数見えますが、これだけでは判断ができません。

3.2.2 伊１５７（No.17）

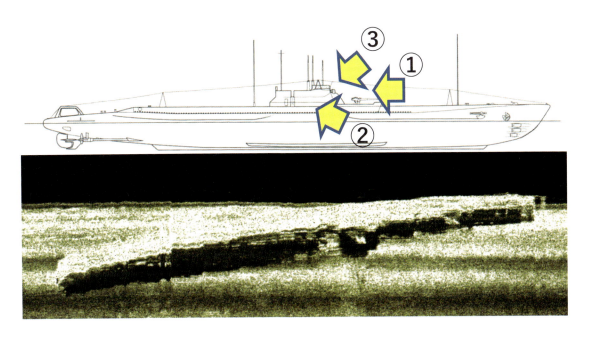

図 3.2.2.1　No.17 は長い艦形が残っていて、候補を絞れます。かつ、海大型です。

　No.17 の特徴は、艦全体が残っていることで、海大型と分かります。特定の決め手は、艦橋前部の膨らみのところにあいている孔のパターンです。伊１５７には、複数の大きな孔が図 3.2.2.2 のようにあいています。伊１５６、伊１６２では、これと違い、小さな孔が、列を形成せずにあけられています。図 3.2.2.2 のように海没処分前の写真と ROV が撮影した水中写真とを比較すると、ぴたりと一致します。すなわち、No.17 は伊１５７です。

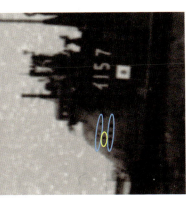

図 3.2.2.2　艦橋前部の孔の配置。艦名と日章旗の位置関係にも注意。

艦橋には、艦名と日章旗を貼り付けた枠があります。図3.2.2.3の右側のROV画像は、分かりにくいのですが、残存している枠です。図3.2.2.2でわかるように伊157は、艦名だけが枠の中であり、艦橋高さのほぼ半分にその下端があります。図3.2.2.3の左側にあるように、枠は、伊156については日章旗を含めて艦橋の高さ全体にあり、伊162は水抜き孔の上まで、すなわち高い部分で終わっています。残存している図3.2.2.3の枠の痕を見ると、艦橋高さの約半分のところまでで長方形の枠であることがわかります。したがって、No.17は伊156でも、伊162でもないことの証拠となります。すなわち、No.17は伊157か伊159に限定されます。このことは、No.17が伊157であるという先の結論に矛盾しません。

　図3.2.2.4は艦橋前方の窓の下の張り出しです。

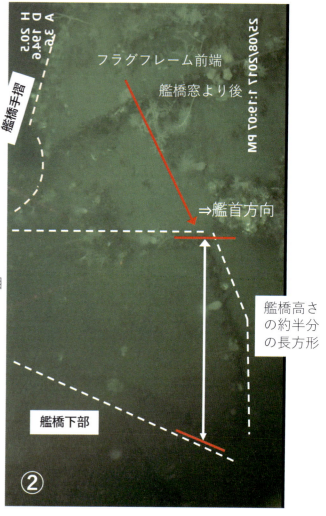

図3.2.2.3　艦名と日章旗を艦橋に貼り付けるためのフレームの配置。横転しているNo.17の艦橋のフレームは水中撮影のために形がひずんでいますが、伊156や伊162の形ではないことが見て取れます。水中撮影は、8月25日13時19分07秒あたりのもので、左の図と対応させるために90度回転させ、さらに左右も反転させています。また、艦橋の手摺の形が見えます。

3．艦の特定

図 3.2.2.4　艦橋の窓とその下の張り出し。窓の高さは 30cm ぐらいです。

3.2.3 伊162（No.10）

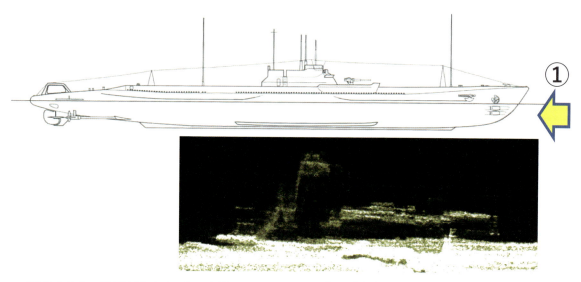

図 3.2.3.1　艦尾が失われている伊162。SSS画像の右側が前端であることがROV調査で分かりました。

　No.10のSSS画像は異様でした。艦橋らしいものが大きく立ち上がっているように見えます。艦が折れて半分は立ち上がっているのかとも思わせるものでした。しかし、ROVによる調査で、立ち上がっているのは漁網などの漁具であり、上端に浮きがついているのか、つり上げるように漁具を立ち上げていることがわかりました。

　伊162の大きな特徴は、図3.2.1で明らかなように、魚雷発射管が片舷2門であることです。呂50も片舷2門ですが、後に述べるように呂50は、No.19であると単独で確定しています。したがいまして、No.10の魚雷発射管が片舷2門であることがROVで確かめられれば、伊162と確定されます。

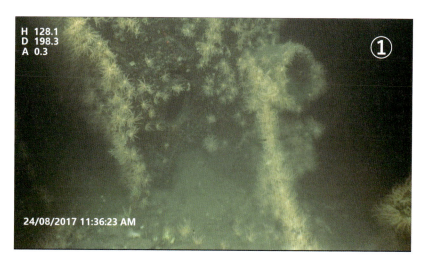

図3.2.3.2　魚雷発射管が片舷2門、まっすぐに縦に並ぶ様子が見えています。

図 3.2.3.2 の魚雷発射管の構成と、図 3.2.4.2 の魚雷発射管の構成を比較してみてください。図 3.2.4.2 では縦方向の狭いスペースに 3 門縦にならんでいますが、図 3.2.3.2 では明らかに余裕があります。また、図 3.2.4.2 では真ん中の発射管がその上下のものと比べて若干外側に設置されているように見えます。No.10 は片舷 2 門の魚雷発射管を持つ潜水艦です。

　このようにして、No.10 は伊１６２であると言えます。

図 3.2.3.3　伊１６２の艦橋部分。水抜き孔の分布や、外板の様子は、他艦と排除的に区別する材料となります。

3.2.4 伊156（No.4）

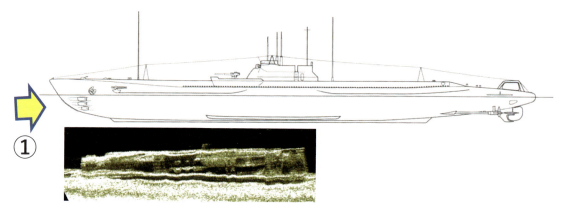

図3.2.4.1　艦橋後端から後ろが失われている伊156

　残りの艦は2艦です。No.4とNo.21が、伊156と伊159のいずれかであるかを判別しなければなりません。No.4は艦橋後端から後ろがなく、反転しているので艦橋は見えません。前端は、魚雷発射管の位置で切れていて、図3.2.4.2に見られるように魚雷発射管が3対、6門見えます。すなわち、海大3型bであることは明らかです（片舷3門の魚雷発射管を持つ伊158は前節でNo.2と特定されています）。伊157はすでに、No.17と決まっていますから、No.4は伊156か伊159です。
　この2艦の判別が、各艦を特定する作業の中で、最大の困難点でした。

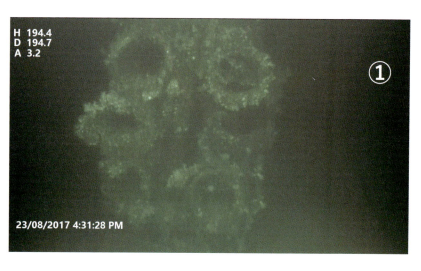

図3.2.4.2　6門の魚雷発射管。艦は反転していることに注意。すなわち、写真の上側が艦底です。

3．艦の特定

図3.2.4.3 伊156の艦橋前部。電探台座と電探が見えます。

　図3.2.4.3は海没処分前の艦橋前部の写真です。ここで見られるように電探台座と電探が備わっています。No.4は、先に述べたように反転しているので、この部分が見えません。そこで、No.21のこの部分を見てみます。図3.2.4.4は、No.21の艦橋前端部のROVからの画像です。ここには、電探台座はありません。すなわち、No.21は伊156ではない、と結論され、残るNo.4が伊156であると特定されます。

図3.2.4.4 No.21の艦橋前部。電探台座がなく、No.21は伊156ではありません。図3.2.4.3にあわせるためにROV画像を左右反転しています。

3.2.5　伊159（No.21）

　伊159に関する画像情報は乏しく、米軍の映像には見当たりません。しかし、海底の海大型5艦がわかり、次に伊159以外の他の4艦が特定されれば、最後の一艦は、排除的に決まります。残りはNo.21です。しかし、No.21とNo.9は図3.2.5.2のように直角に重なり合っていて、ROV調査は極めて困難でした。

　3．5節　潜高小の節で述べるように、伊159は波105を横抱きにして海没処分海域に進んでいます。繋いでいる索が開放されていなければ、2艦は接近して海底にあるはずです。図1.1.4には、そのような組は二つあります。No.21-No.9とNo.10-No.22です。No.10はすでに伊162と特定されていますし、No.22は波201型ですので、組み合わせが違います。No.9は波101型ですので、No.21を伊159として組み合わせに矛盾はありません。

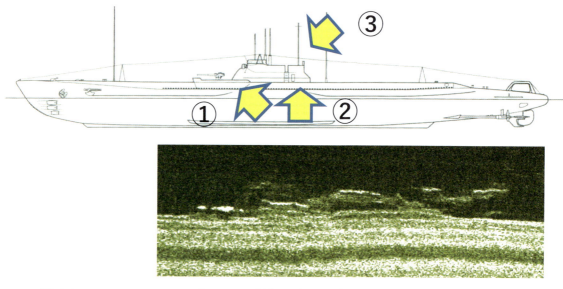

図3.2.5.1　No.21。SSSデータから甲板が大きく破壊されていることが見えます。

図3.2.5.2　図1.1.4の部分を拡大した重なり合うNo.21とNo.9。長い方がNo.21で伊159です。

図 3.2.5.3 は艦橋の前部、図 3.2.5.4 は艦橋後部の ROV 画像です。艦橋前部には孔が少ないことが見えています。さらに、図 3.2.5.4 の右図のように艦橋後部側面にはスリット状に孔があけられています。この二つの特徴は、No.21 を伊159とすることに矛盾はありません。また、図 3.2.3.3 の伊162の艦橋後部にもこのようなスリットはありません。

図 3.2.5.5 は艦橋を後部上方から見た映像です。艦橋の形がよく見えます。

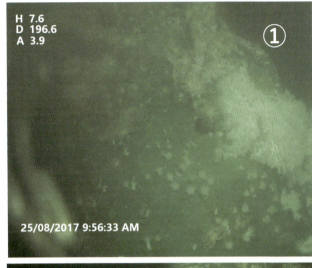

図 3.2.5.3 No.21 の艦橋の前部の特徴。右図は伊157の同じ部分ですが、水抜き孔の配置が違います。

図 3.2.5.4 No.21 の艦橋の後部の特徴。右図は昭和5年7月の竣工時の写真で『日本海軍艦艇写真集 潜水艦・潜水母艦』(呉市海事歴史科学館編、ダイヤモンド社、2005年) から転載しました。斜めのスリットが見えます。

図 3.2.5.5 No.21 の艦橋の上部を後ろから撮影

3.3 丁型：伊３６６ (No.20) と伊３６７ (No.12)

艦の長さや艦の形でNo.12とNo.20は丁型の2艦です。他の艦との判別は容易です。図3.3.1は、ROV画像から得られたNo.20の特徴的な形です。

しかし2艦の区別をする材料をわたしたちはほとんど持ち合わせません。ROV調査のときに、ニコニコ生放送のコメントを経由して前述の大渕さんから、「伊３６６は木甲板であり、伊３６７は違う」という情報を得ました。しかし、残念ながらそれを確認することはできませんでした。

ROV調査後、伊３６７の艦橋前部の写真（図3.3.3）が手に入り、かつ、図3.3.4のようにNo.20については孔の分布がはっきりと見て取れ、比較することができました。図3.3.3では、水面に近いところに水平に3つの孔があいています。斜め上方に向かって2つの孔があります。この配置は、図3.3.2とほぼ同じですが、ROV画像では、2つの縦の孔が、水平の2番目、3番目の孔の中間にあり、図3.3.3と異なることが分かります。ただし、図3.3.3は右舷、図3.3.4は左舷です。

すなわち、No.20は伊３６７ではなく、伊３６６と推定されます。それを踏まえて、No.12は伊３６７であると特定しました。

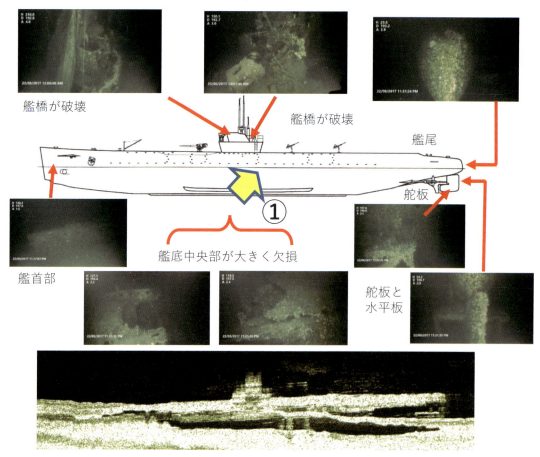

図3.3.1　伊３６６と特定されたNo.20

No.12 は、分かりにくいのですが、艦橋前端から艦首前端まで33mあり、それに対応する潜水艦は、伊３６６か伊３６７しかありません。先に呼べたように、No.20が３６６であれば排除的に No.12 は伊３６７となります。

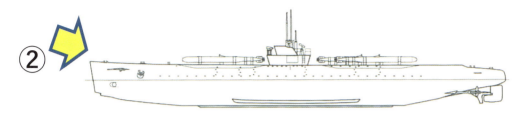

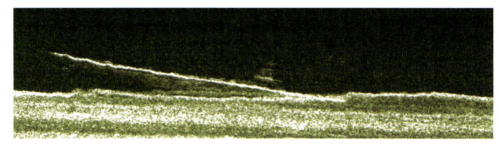

図3.3.2　伊３６７と特定された No.12。図3.3.4（①）は、No.20 の写真で、No.12 はその部分が見えません。

図3.3.3　伊３６７の艦橋付近の孔の分布。右側が艦首で右舷側の写真です。

図3.3.4　No.20 の図3.3.3の赤枠内と同じ位置の ROV 画像。ただし、左舷側であり、図の左側が艦首。縦に並ぶ２孔が図3.3.3より中央部に近い。従って No.20 は伊３６７ではないと言えます。

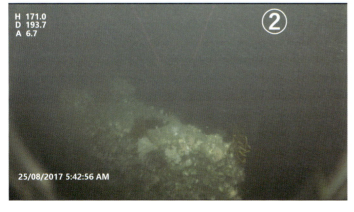

図3.3.5　No.12 の艦首の甲板上に丸い孔のようなものが見えます。これが何なのかは、わかりません。左右にビット（係船柱）のようなものが一対見えます。

3.4 中型：呂５０ (No.19)

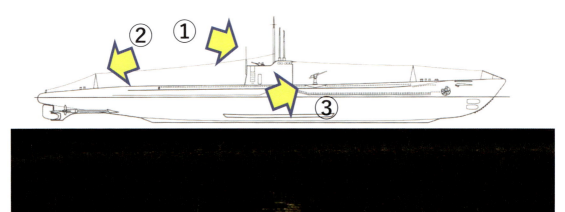

図 3.4.1 　No.19。SSS データにも高角砲が見えます。

　No.19 の形状は、比較的よく残っています。甲板上の高角砲（図 3.4.4）、通信線用の支柱（図 3.4.3）が見え、艦橋（図 3.4.2）は網で被われてはいるものの、前方部分ははっきりしています。艦の長さは、他艦とは違っていますので、No.19 は呂５０であると直ぐに断定できました。

図 3.4.2 　艦橋。右側が艦首方向で、左側の艦橋後半は破壊されています。

図 3.4.3 　後部甲板上の通信線用の支柱

3．艦の特定

図3.4.4　高角砲。艦橋の前側に原形をとどめています。

図3.4.5　靖國神社遊就館に展示されている海軍三年式８ｃｍ高角砲。

3.5 潜高小（波201型潜水艦）

　水中高速性能を目指した潜高小（波201型潜水艦）は他の潜水艦と異なって、「すっきり」した形をしています（図1.1.2）。水中速力は13ノットで、水上の10.5ノットを上回っています。プロペラは一軸、舵の後ろについています。同じく小型艦の波101型では、プロペラが船底下部についています。その明らかな違いに注意してください。また、艦橋形状は細身できわだった特徴があります。

　詳細は後の各艦の特定のところで記述しますが、No.5、No.15、No.16およびNo.22が波201型であることが判別されます。たとえば、図3.5.1.1はNo.15で、艦尾の形から波201型であることは明らかです。しかし、海底の4艦には艦名を特定することのできる特徴がありません。

　図3.5.1は海没処分時に撮影された処分海域に向かう潜水艦群の映像です。中央の大型艦は艦尾の形から海大型であることがわかります。艦名は不鮮明でよくわかりません。海大型の右舷には小型艦が横抱きになっています。その海大型の長さと小型艦の長さを比較しますと、小型艦は艦長が44mと推定され、波101型です。艦橋下部には大きな日章旗が画かれています。両艦は舷が密着しているので、索で海大型と繋がれていて、海大型が波101型を横抱きに運んでいると考えられます。このように両艦が繋がったままであれば、海底においても両艦は近接する位置関係にあると考えられます。

　図3.5.2は米軍の資料で、Lt. A. A. Vaughnが書いた処分の経過報告です。何時何分どの艦を処分したかがわかります。これを時系列で表にしたものが、表3.5.1です。

図3.5.1　処分海域に向かう6艦。中央の海大型の右舷側に波101型が横抱きにされて進んでいます。手前の2艦も波101型で、艦橋に日章旗が画かれていないことに注意。手前は艦名が読めるので波１０９、奥は図3.5.3の配置図から波１０７と推定されます。

3. 艦の特定

```
12 to 16
    Maneuvering as before.  1219 commenced operation Road's End at latitude 32 35 5 N
Longitude 129 15 E.  1219 stopped all engines.  The following Japanese submarines
were sunk by demolition at times indicated: 1320 I 157; 1325 I 367; 1328 HA 109;
1330 RO 50, I 360; 1348 HA 105; 1350 HA 107; 1355 HA 108; 1358 I 58; 1417 I 159,
HA 103; 1444 I 162, HA 208; 1450 I 158; 1452 I 53; 1507 HA 202; 1511 I 47;
1522 I 156   ; 1526 HA 111; 1558 I 36; 1559 HA 106.
                                                      A. A. Vaughn
                                                   A. A. VAUGHN,
                                                   Lt.(jg), U.S.N.
16 to 20
    Steaming as before.  1624 former Japanese submarines I 402 and HA 203 sunk by
gunfire from U.S.S. LARSON and U.S.S. GOODRICH.  1627 secured from general quarters.
1635 completed Roads End operation and commenced maneuvering on various courses at
various speeds preparatory to returning to SASEBO, JAPAN.  1703 steadied on course
040 (t and pgc), 046 (psc), and 045 (pstgc); at standard speed 15 knots(141 RPM).
1706 changed speed to 20 knots (188 RPM).  1718 changed speed to 25 knots (239 RPM);
```

図3.5.2 Lt. A. A. Vaughn のサインがある海没処分の報告書。多くの疑問が残ります。波201の記述がありません。波103は波105の間違いではないか。伊402と同時にしずめられた波203は波201の間違いではないか。

表3.5.1 時系列表。図3.5.2を表にしてコメントを加えました。
色が付けてあるのは図3.5.3で横抱きになっている艦のペアです。

時	分	潜水艦	
12	19		緯32度35分5秒、東経129度15分にてローズ・エンド作戦開始。
			全てのエンジンを停止。
13	20	伊157	最後尾。ビデオでは一艦のみで映っている。
13	25	伊367	
13	28	波109	
13	30	呂50	
		伊360	366の間違い。原稿の「6」を「0」と読み違えではないか。
13	48	波105	波111ではないか
13	50	波107	
13	55	波108	
13	58	伊58	
14	17	伊159	
		波103	波105ではないか。原稿の「5」を「3」と読み違えではないか。
14	44	伊162	
		波208	
14	50	伊158	
			同時に処分されたはずの波103が抜けているのではないか。
14	52	伊53	
15	7	波202	
15	11	伊47	
15	22	伊156	
15	26	波111	同時に処分されたのは波203。
15	58	伊36	
15	59	波106	
16	24	伊402	
		波203	同時に処分されたのは波201。

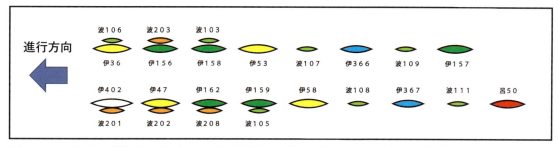

図3.5.3　海没処分海域に進む24艦の配置。米軍の手書きの記録から作成。図3.5.2のデータと矛盾するところがあることに注意。

　一方、図3.5.3は、別の米軍資料から得た処分海域に向かう潜水艦群の構成です。色は、緑色は海大型というように、2章の節に従って分けて塗っています。この図は、Vaughnの報告と一致しない部分があります。Vaughnの報告書は、タイプで打っているので、処分の終了後にVaughnが書いた手書きの報告書をタイピスト（あるいはメモを参照しながら本人）がタイプして作り、それにサインをしたものと考えられます。すなわち、タイプミスがあるのではないかと考えられます。また、Vaughnの報告書には波２０１が書かれていません。図3.5.3が艦の組み合わせで正しいとすれば、両者の違いは、次のように考えられます。

　図3.5.3より波１０３は伊１５８に横抱きされていることになっていますが、図3.5.2の報告書では、伊１５８は単独で処分されています。この違いは、報告書において10時17分の所で、5と打つべきところを誤って3と打ったことによる、と推察されます。
　図3.5.2と図3.5.3の矛盾するところをまとめて列挙すると、
　　　1）波２０１の記述がない。
　　　2）波１０３は波１０５の間違いではないか。
　　　3）伊４０２と同時に沈められた波２０３は波２０１の間違いではないか。
　　　4）伊１５６の後に消された部分があり、次の波１１１の記述とともに誤記したのではなかったか。
　　　5）伊３６０は6を0と読み間違っているのではないか。
　これらのコメントを表3.5.1に書き加えました。

　図3.5.3で、海大型と波101型が横抱きしているように書かれているのは、伊１５８と伊１５９です。
　図1.1.4において、接近して沈没している艦の組み合わせは、大型艦が特定されているので
　　　No. 2（伊１５８）　−　No. 3（波101型）
　　　No.10（伊１６２）　−　No.22（波201型）
　　　No.21（伊１５９）　−　No. 9（波101型）

　すなわち、図3.5.3が正しく、横抱きしていた艦は近くに沈没していると仮定すると、以下のように結論されます。
　　　No. 2（伊１５８）　−　No. 3（波１０３）
　　　No.10（伊１６２）　−　No.22（波２０８）

　　　　No.21（伊１５９）　－　No. 9（波１０５）

　このように、図3.5.3の横抱き関係を尊重し、横抱きしている小型艦は大型艦の一番近い所に沈没している、と仮定すると
　　　　No.14（伊４０２）　－　No.15（波２０１）
　　　　No. 7（伊３６）　　－　No. 8（波１０６）
　　　　No.25（伊４７）　　－　No.16（波２０２）
　　　　No. 4（伊１５６）　－　No. 5（波２０３）
と特定されます。
　ただし、横抱きしていなくても、接近して着底することもあり得るので、本節以降の波101型と波201型の特定の議論は仮説（横抱き仮説と呼んでおきます）の上に立っているといえるでしょう。潜高小だけを纏めると、
　　　　波２０１：No.15
　　　　波２０２：No.16
　　　　波２０３：No.5
　　　　波２０８：No.22
と特定されました。

　なお、図3.5.1の海大型は右舷側に波101型を繋いでいるので、図3.5.3の配置を見ると、伊１５８であると考えられます。波１０３の艦橋には、図3.5.4の画像に見られるように大きな日章旗が画かれていて、図3.5.1と矛盾しないことがわかります。
　また、図3.5.1の手前の2艦は、図3.5.3から、伊１５８の後方に位置する波１０７と波１０９であると推定されます。手前の艦は、艦名が波１０９とおぼろげながら読め、推定が正しいことを証明しています。そうなると、奥の艦は波１０７と推定されます。

図3.5.4　佐世保の庵ノ浦に並ぶ伊１５８と波１０３。このままの状態で処分海域まで進んだと考えられます。

3.5.1 波２０１（No.15）

　No.15 は図 3.5.1.1 に示される特徴から波 201 型（潜高小）です。プロペラを見れば明らかです。波２０１であることの直接的な証拠はありませんが、横抱き仮説に基づき、同時に沈んだと考えられる伊４０２の傍に沈んでいることから No.15 は波２０１と考えられます。

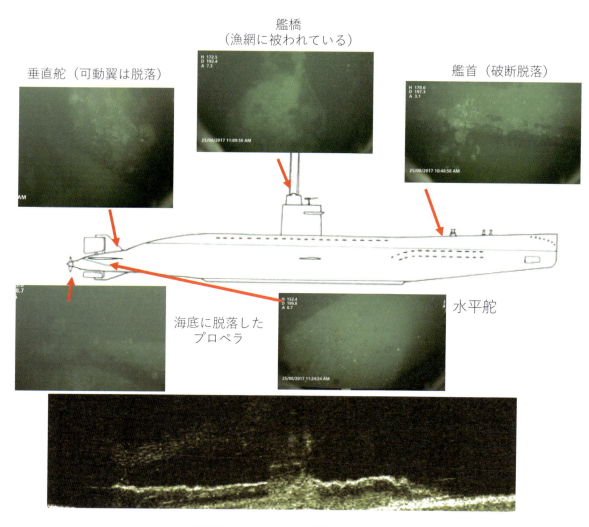

図 3.5.1.1　No.15 は波 201 型です。

3.5.2　波２０２（No.16）

　No.16 は、図 3.5.2.1 に示されるように波 201 型です。波２０２であることの直接的な証拠はありません。しかし、同時に沈んだと考える伊４７（No.25）の傍に沈んでいることから波２０２と考えられます。

　SSS 画像では全体がよく見えますが、艦橋の形が不鮮明です。ROV 調査で、艦橋形状、プロペラ、さらには後部外板上の丸と四角の水抜き孔列を見れば、波 201 型であることは一目瞭然です。図面では、水抜き孔についてはよくわかりませんが、『写真　日本の軍艦第 12 巻潜水艦』（㈱光人社、1990 年）236-238 頁の伊 201 型の写真には、不鮮明ながらも、この並びの水抜き孔が見えています。

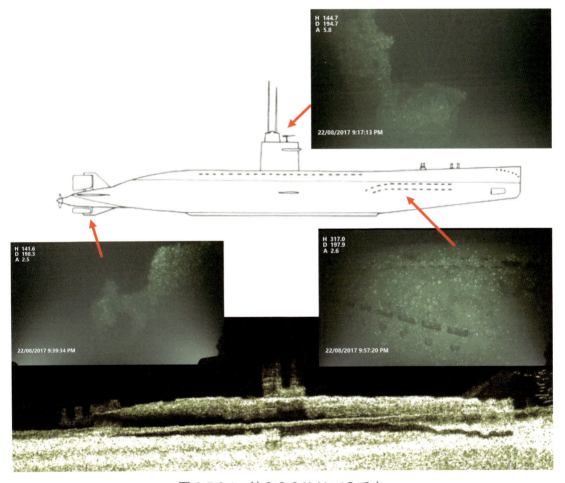

図 3.5.2.1　波２０２は No.16 です。

3.5.3 波２０３ (No.5)

　No.5 についても波２０３であることの直接的な証拠はありません。しかし、同時に沈んだと考える伊１５６（No.4）の傍に沈んでいることから波２０３と考えられます。
　SSS 画像では全体がよく見えますが、ROV 調査では特徴を捉えにくいものの、艦の長さと図 3.5.3.2 の艦橋の形から波 201 型であることは間違いありません。

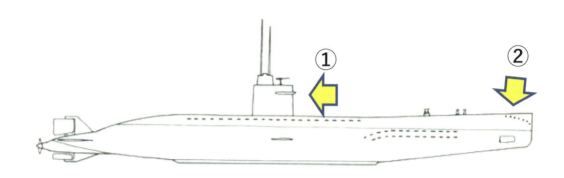

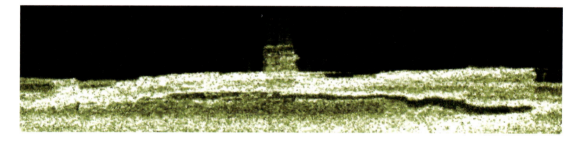

図 3.5.3.1　波２０３は No.5。形は良く残っています。

図 3.5.3.2　艦橋前端部。潜望鏡も見えます。

図 3.5.3.3　前端部分

3.5.4 波２０８ (No.22)

　No.22 の艦首は切れて、その前方に先端が転がっています。艦尾の垂直舵と水平舵が ROV 画像から確認でき、波 201 型であることは明らかです。同時に沈んだと考える伊１６２（No.10）の傍に沈んでいることから波２０８と考えられます。

　図 3.5.4.1 内の前方破断点の後方の外板上には、図 3.5.2.1 と同じような丸と四角が並んだ水抜き孔が見えます。艦橋は外板がなくなっていて全体形状が分かりにくいのですが、潜望鏡の前に、マンホールのような筒が残っています。今後、図面を調査して確認する必要があります。

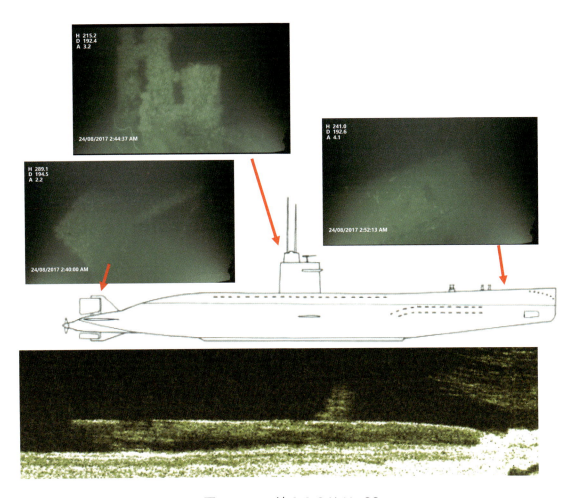

図 3.5.4.1　波２０８は No.22

3.6 潜輸小（波101型潜水艦）

　波101型は、輸送任務のために開発されたもので、武装は機銃のみでした。10艦が竣工し、そのうちの7艦が五島列島沖合で海没処分されています。No.3、No.6、No.8、No.9、No.11、No.13、およびNo.18です。前節で述べましたように、横抱き仮説の上にたって、No.3は波１０３、No.8は波１０６、No.9は波１０５と決まりました。しかし残る4艦、波１０７、波１０８、波１０９、波１１１の区別ができていません。対応する番号は、No.6、No.11、No.13、No.18ですが、これらの艦を区別する材料は、残念ながら今のところ見当たりません。

3.6.1 波１０３（No.3）

　図3.5.3によれば、波１０３は伊１５８（No.2）に横抱きされています。図1.1.4に見られるように、No.2とNo.3は接するように沈没しています。すなわち、波１０３はNo.3です。

　図3.6.1.2は艦首側から見た艦橋の頂部で、図3.6.1.3はそれを含む艦橋下部です。二段構えになっている波101型の艦橋の特徴を示しています。図3.6.1.4は保存状態が比較的に良い甲板で、艦首側から艦橋方向を見ています。図3.6.1.5は艦首です。特段の特徴はありませんが、上方向にそり上がっています。
　艦尾は大きく破壊されています。

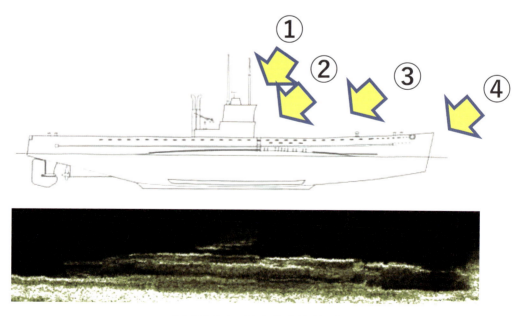

図3.6.1.1　波１０３はNo.3

3．艦の特定

図 3.6.1.2　艦橋の前部。潜望鏡が見える。

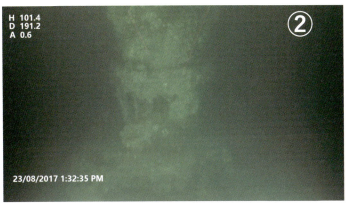

図 3.6.1.3　艦橋の前部の下部。波 101 型の二段構造がよく分かります。

図 3.6.1.4　艦首側から艦橋側の甲板方向を見ています。

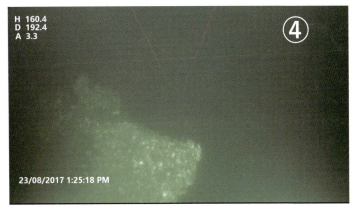

図 3.6.1.5　艦首部

3.6.2 波105 (No.9)

図3.5.3によれば、波105は伊159 (No.21) に随伴しています。図1.1.4に見られるように、No.9とNo.21は交差して沈没しています。2艦を分離してROV観測するのはとても困難な作業でした。この組が横抱き仮説による組であると断定することができると考えます。図3.5.2の時系列では、伊159は波103と14時17分に同時に沈められていますが、3.5節で述べたように、ミスタイプで、波105であると推測されます。

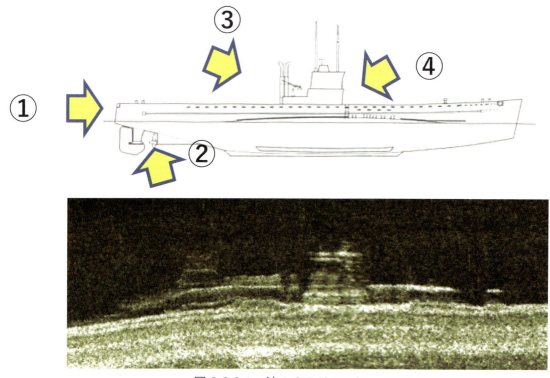

図3.6.2.1 波105はNo.9

図3.6.2.2 艦尾側から見た垂直舵と水平舵

図3.6.2.3 左舷側から見た垂直舵と水平舵

図 3.6.2.4　吹き飛ばされた艦橋の基部

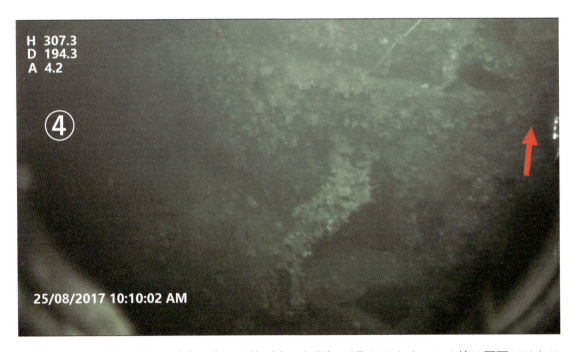

図 3.6.2.5　艦橋の前部。垂直に立った棒（赤の矢印）が見られます。この棒は図面にはありませんが、図 3.6.4.1.4 の波 101 型の 2 艦について同じ部分を見ると、この棒の存在がわかります。

3.6.3 波１０６ (No.8)

　図 3.5.3 によれば、波１０６は伊３６ (No.7) に横抱きされています。図 1.1.4 に見られるように、No.7 と No.8 は 30m ぐらい離れて平行に沈没しています。この組が横抱き仮説による組であると断定するには、根拠が弱いところがあります。しかし、No.7 の近くに沈んでいる No.8 以外の波 101 型は No.6 で、400m 離れています。図 3.5.2 によれば、伊３６と波１０６とは１分差で処分されています。伊４０２と波２０３（波２０１の間違いではないか）の２艦を除いた最後の処分であり、その前の波１１１（波２０３の間違いではないか）から、32 分も時間が経過しています。

　これらを総合すると、No.8 を波１０６と推定することは、確度が高いと判断されます。

　No.8 の艦尾部は破断していますが、艦尾は本体の近くに落下しています。艦首は網が被っています。

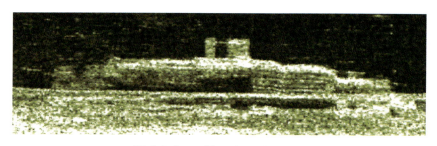

図 3.6.3.1　波１０６は No.8

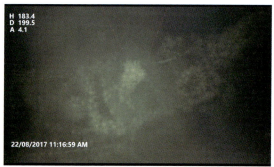

図 3.6.3.2　飛ばされて上部構造物を失った艦橋基部。

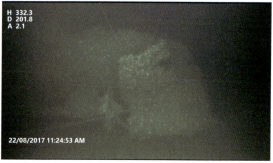

図 3.6.3.3　艦尾は落下しているが舵やプロペラは原型をとどめています。

3.6.4 波107、波108、波109、波111

波107、波108、波109、および波111の区別ができていません。対応する番号は、No.6、No.11、No.13、No.18 です。

3.6.4.1 No.6

No.6 の艦橋には図 3.6.4.1.2 のように網がかかっていて、判然としません。側面には消磁のための電線の束が図 3.6.4.1.3 のように見えます。図 3.6.4.1.4 は波107と波103のこの部分の比較ですが、艦によって配線形状が違うようですし、その上の水抜き孔の配置も違うようです。しかし、艦を特定する決め手はありません。

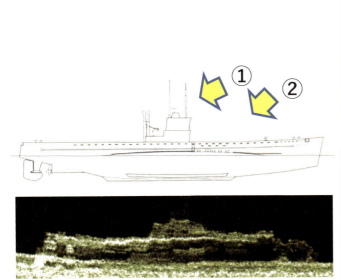

図 3.6.4.1.1　No.6

図 3.6.4.1.2　漁具に被われる潜望鏡

図 3.6.4.1.3　前方甲板と消磁線

図 3.6.4.1.4　波107と波103の消磁線およびその上方の孔の配置の比較

3.6.4.2 No.11

　No.11は単独で鎮座しています。艦橋は残っているものの外板形状はよく見えません。図3.6.4.2.1では潜望鏡の位置は離れているように画かれていますが、図3.6.4.1.4に見られるように艦橋後部に2本立っているものもあり、図3.6.4.2.2が波101型であることに矛盾しません。図3.6.4.2.3は艦首部分で、若干そり上がっているのが見て取れます。艦尾は大きく破壊されています。

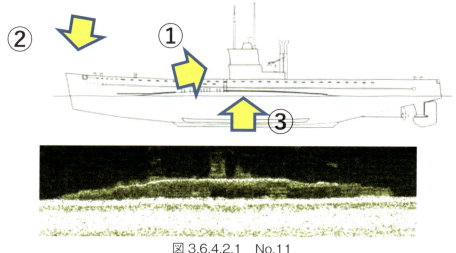

図3.6.4.2.1　No.11

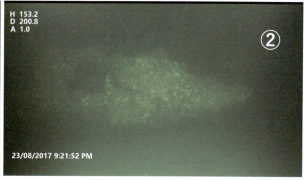

図3.6.4.2.2　左舷側から見た艦橋と潜望鏡　　　図3.6.4.2.3　艦首

図3.6.4.2.4　艦橋下部の甲板下の外板。消磁のための電線の束が見えます。下の写真は波103ですが、同じように電線が見えます。

3.6.4.3 No.13

No.13 は No.12 に近いものの、ほぼ単独で沈んでいます。艦橋は網に被われていて、形状はよくわかりません。艦の全般にわたって網がかかり、ROV 調査でも形状がよく見えず、艦の前後もわからない状態です。

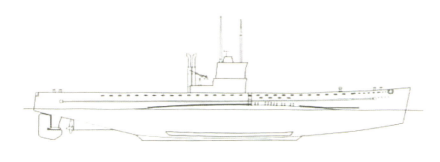

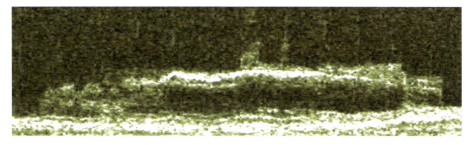

図 3.6.4.3.1　No.13

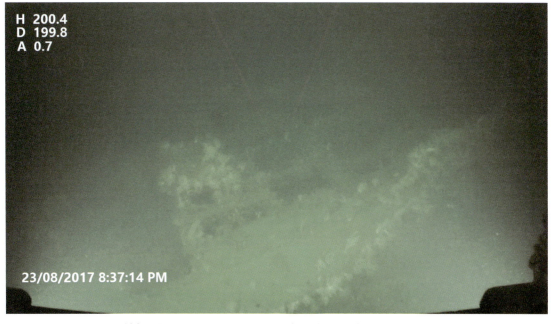

図 3.6.4.3.2　外板が飛んでしまっている甲板。艦の前部なのか後部なのかは不詳。

3.6.4.4　No.18

　No.18の艦橋上部には機関銃が残っています。艦の前部は横方向に輪切りになっていて、円形の耐圧容器断面が見えます。艦尾は甲板が端まで残っていますが、プロペラや舵は見えていませんでした。

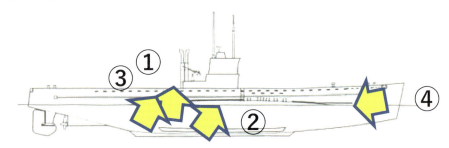

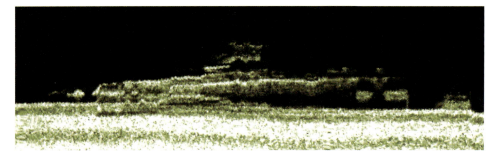

図3.6.4.4.1　No.18

図3.6.4.4.2　右舷側から見た機関銃

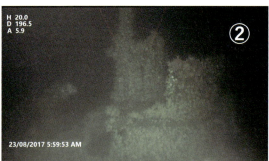

図3.6.4.4.3　艦橋上部

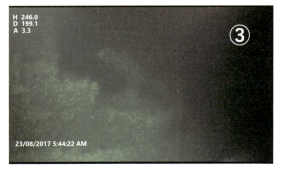

図3.6.4.4.4　左舷側から見た機関銃

図3.6.4.4.5　艦の前部の横断面

3.7 特定結果

本章は、ROV 調査により得られた画像を、処分前に撮影された写真や、各種資料からの写真や図面などと比較して、No.1 から No.25 の艦の特定をおこない、横抱き仮説を導入して、波 101 型 4 艦を除いて全ての艦の特定をおこないました。それを総合すると、表 3.7.1 のように表されます。いくつかの印で判定規準を区別しています。◎は、その艦の ROV 画像のみにより艦名を特定できたもの。赤の△は他の艦との関係で特定できたもの。緑の△は横抱き仮説によって推定されたものです。波１０７から波１１１までの 4 艦は、波 101 型であることは確定しているのですが、個々の艦名を確定する材料がないもので、▲で画かれています。

処分時間や、艦の配置（図 3.5.3）から推察を進めれば、仮説を積み重ねて▲の艦名をさらに推定することができるかもしれません。

各艦の中心座標を同じく表 3.7.1 に示します。水深は全て約 200m です。

表 3.7.1　24 艦と艦番号（図 1.1.4 参照）の対応表。波 101 型 4 艦については特定ができていません。

潜水艦艦名	全長(m)	特定結果番号	北緯32度(分)	東経129度(分)	1	2	3	4	5	6	7	8	9	10	11	12	13	14	15	16	17	18	19	20	21	22	24	25
伊402	122	14	34.255	13.975														◎										
伊36	108.7	7	33.995	11.979							◎																	
伊47	108.7	25	34.584	14.044																								◎
伊53	108.7	1	34.913	12.343	◎																							
伊58	108.7	24	34.146	14.252																							◎	
伊156	101	4	34.563	12.554				▲																				
伊157	101	17	34.682	13.847																	▲							
伊159	101	21	34.770	13.446																					▲			
伊158	100.58	2	34.875	12.497		◎																						
伊162	97.7	10	34.392	13.059										▲														
呂50	80.5	19	34.725	13.635																			◎					
伊366	73.5	20	34.727	13.480																				◎				
伊367	73.5	12	34.610	14.648												▲												
波201	53	15	34.588	14.087															▲									
波202	53	16	34.520	13.966																▲								
波203	53	5	34.549	12.520					▲																			
波208	53	22	34.744	13.616																						▲		
波103	44.5	3	34.871	12.522			▲																					
波105	44.5	9	34.445	13.054									▲															
波106	44.5	8	33.974	11.979								▲																
波107	44.5	6	34.205	12.195						▲					▲	▲						▲						
波108	44.5	11	34.492	13.468						▲					▲	▲						▲						
波109	44.5	13	34.238	14.226						▲					▲	▲						▲						
波111	44.5	18	34.659	13.780						▲					▲	▲						▲						

 ◎ 単独で確実な証拠がある
▲(赤) 他艦との関係で確実
▲(黒) 複数同型艦で現状では区別ができない
 横抱きしていた情報あり

3.8 ROV調査の困難点

ROV調査は当初考えていたより、困難を極めました。その要因は、

　漁具がからまり、艦の形を見えないようにしているばかりでなく、ROVの行動を制限した

ことです。艦の特徴を最もよく表し特定の決め手になる艦橋が漁網に被われていることが多くありました。予想されていたことですが、透明度も悪く、艦から離れて広く見ることができず、調査中は、頭の中で画像をつなぎ合わせて、全体を推定することに神経を集中させていました。
　図3.8.1は、網に被われた艦橋です。上の図から、ROVがさらに接近したものが下の図です。左右いずれの図も艦橋の形状がどういうものであるかの見当をつけることは困難です。
　図3.8.2は、漁具や生物に被われた艦体です。

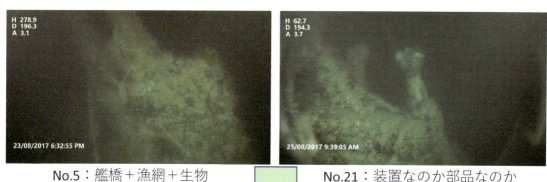

No.5：艦橋＋漁網＋生物　　　　　　No.21：装置なのか部品なのか

No.5：接近しても詳細は分からない　　　No.21：漁具と付着生物

図3.8.1　網と生物に被われた艦橋

3．艦の特定

No.21：艦橋＋生物

No.21：艦橋＋潜望鏡＋漁網＋ロープ＋生物

No.6：艦尾＋濁り・泥巻上げ

No.2：艦橋＋漁網＋ロープ＋生物

図 3.8.2　漁具や生物に被われ、濁りの中にある潜水艦

4．おわりに

　私たちの潜水艦群調査は、2017年12月16日の佐世保市での講演会をもって一段落しました。当初考えていた以上の成果を挙げたと思います。伊５８と呂５０の特定ばかりでなく、波101型４艦を除いて、全て艦名を特定しました。

　特定作業は、浦、小原敬史さん、稲葉祥梧さんの三人を中心に進められ、2017年12月3日の講演会の直前まで続きました。SSSによる計測と解析は、杉本裕介さんを中心とするウインディーネットワークの方々と柴田成晴さんが、ROV調査のビデオ画像の三次元化はウインディーネットワークさんがおこないました。それをビデオ化するのに高橋三千代様に協力いただきました。資料７は勝目純也さんに原稿をいただき、著者が手を入れました。

　この大きな成果は、調査に加わった方々の執念、私たちのプロジェクトの意義のご理解をいただいた多くの方々からのご支援、ご協力によるものです。調査プロセスと結果は、ニコニコ生放送を通じて、リアルタイムに放送され、多くの方々に見ていただきました。そして、多くの方々からご声援とコメントを得ました。特に、大渕克様からは、詳細な模型の写真をいただき、特定の参考にさせていただきました。さらに、SVD（提督兼博士）様には、本報告書について、詳細に読んでいただき、誤字脱字や図番の間違いなど多くのご指摘をいただき、修正を加えて、間違いの少ない報告書を仕上げることができました。

　調査技術力が近年格段に進歩したことが成功の要です。海に沈んだものは必ず見つけ出す、という旗印を掲げ、「捨てられた」ものを見つけ出すことができたことは、ほんとうに嬉しいことです。

　伊４７（No.25）については、艦の全体のビデオ撮影をしました。画像をベースに三次元に再構成しました。これを利用したVRによる提示をもくろんでいます。さらには、海域全体をVR化し、海域を潜水艦のバーチャルメモリアルにしたいとも考えています。

　技術は新しい世界を切り開き、新しい道を作ります。それによって、古い事実が目の前に浮かんでくることはとても素晴らしいことです。

　一般社団法人ラ・プロンジェ深海工学会では、今後も最新技術を使って、深海を切り開いていきます。よろしくご声援ください。

　最後に、改めて、支援してくださいました皆様に深く感謝申し上げます。

2018年4月1日（海没処分から72年）

　　　　　　　　　　　　　　　　　　　　　　　　　　　代表理事　　浦　　　環

資料1　海没処分された潜水艦

　防衛庁防衛研修所戦史部著『潜水艦史』（戦史叢書、朝雲新聞社、1979年）によれば、一度も戦場にいかなかった艦を含め、以下の58艦が戦後に処分されています。

- 五島沖で海没処分された潜水艦、1946年4月1日
　　伊402、伊36、伊47、伊53、伊58、伊156、伊157、伊158、伊159、伊162、伊366、伊367、呂50、波103、波105、波106、波107、波108、波109、波111、波201、波202、波203、波208
- 伊予灘にて海没処分された潜水艦、1946年5月
　　伊153、伊154、伊155、呂59、呂62、呂63、呂67、波205
- ハワイ沖にて海没処分された潜水艦
　　伊14、1945年5月28日
　　伊400、1946年6月4日
　　伊401、1946年5月31日
- 向後崎（佐世保湾入り口）西方で海没処分された潜水艦、1946年4月5日
　　伊202、波207、波210
- 海域は不明だが米軍に接収されて海没処分された潜水艦
　　伊201、伊203、伊369
- 舞鶴港外で海没処分された潜水艦　1946年4月30日
　　伊121、呂68、呂500（U-511）
- 清水沖で海没処分された潜水艦、1945年10月
　　呂58、波101、波102、波104
- 解体処分
　　波204（西村造船）、波209（三菱重工下関）、1945年11月
- 呉付近にて処分
　　呂57
- シンガポールにて英国軍により処分　1946年2月
　　伊501（U-181）、伊502（U-862）
- 紀伊水道で海没処分された潜水艦　1946年4月16日
　　伊503（Comandante Cappellini：イタリア）、伊504（Luigi Torelli：イタリア）
- 宮崎沖にて触雷　1945年10月29日
　　伊363
- スンダ海峡にてオランダ軍により海没処分　1946年2月3日
　　伊505（U-219）
- バリ海にて英国軍により処分　1946年2月16日
　　伊506（U-195）

注）潜水艦史は、終戦時に就役していた潜水艦のみが記述されていて、波216のように竣工が8月15日以降になったものや、呂31のように終戦時には除籍されている艦については、除外されています。資料2の米軍資料に示されているものは、次の8艦です。
　呂31、波202、波210、波215、波216、波217、波219、波228
　なお、資料2では、呂50も4月5日に海没処分されたと書かれていますが、誤記です。

資料2　海没処分された潜水艦に関する米軍資料

米軍の海没処分に関する資料ですが、呂５０のDATEが４月５日になっているように一部に誤記があるように見られます。波２１７、２１９、２２８などは、完成を待たずに終戦を迎えているので、潜水艦史には記述されていません。

```
DESTRUCTION BY SINKING OF JAPANESE EX-SUBMARINES - SASEBO AREA
TYPE  NO.   LOCATION          DATE    :  TYPE  NO.   LOCATION            DATE
HA    103   32°30'N 129°10'E  4/1/46     I     36    32°30'N 129°10'E    4/1/46
HA    105   -"-               -"-        I     47    -"-                 -"-
HA    106   -"-               -"-        I     53    -"-                 -"-
HA    107   -"-               -"-        I     58    -"-                 -"-
HA    108   -"-               -"-        I     156   -"-                 -"-
HA    109   -"-               -"-        I     157   -"-                 -"-
HA    111   -"-               -"-        I     158   -"-                 -"-
HA    201   -"-               -"-        I     159   -"-                 -"-
HA    202   -"-               -"-        I     162   -"-                 -"-
HA    203   -"-               -"-        I     202   -"-                 4/5/46
HA    207   -"-               -"-        I     366   -"-                 4/1/46
HA    208   -"-               -"-        I     367   -"-                 -"-
HA    210   -"-               4/5/46     I     402   -"-                 -"-
HA    215   -"-               -"-
HA    216   -"-               -"-
HA    217   -"-               -"-        RO    31    -"-                 4/5/46
HA    219   -"-               -"-        RO    50    -"-                 4/5/46
HA    228   -"-               -"-

DESTRUCTION BY SINKING OF JAPANESE EX-SUBMARINES - KOBE AREA
HA    110   33°30'N 134°50'E  4/15/46    I     15    33°30'N 134°50'E    4/15/46
HA    112   -"-               -"-        I     503   -"-                 -"-
HA    206   -"-               5/8/46     I     504   -"-                 4/15/46
HA    211   -"-               -"-
HA    212   -"-               4/15/46
HA    213   -"-               -"-        RO    57    -"-                 5/8/46
HA    214   -"-               -"-
HA    221   -"-               -"-

DESTRUCTION BY SINKING OF JAPANESE EX-SUBMARINES - YOKOSUKA AREA
HA    101   35°03.8'N 139°20.8'E 4/1/46  RO    58    35°03.1'N 139°21.6'E 4/1/46
HA    102   35°06.2'N 139°27.5'E -"-
HA    104   35°04.9'N 139°28.5'E -"-     YU    7     35°04'N 139°21.6'E  4/2/46
                                         YU    2002  35°05.5'N 139°27.5'E 4/2/46
I     369   35°03.5'N 139°21.3'E -"-     IX    347   35°08.3'N 139°25.0'E 4/2/46

DESTRUCTION BY SINKING OF JAPANESE EX-SUBMARINES - OFF MAIZURU
RO    68    35°50'N 135°30'E  5/7/46     I     121   35°50'N 135°30'E    5/7/46
RO    500   -"-               5/7/46
```

図資料2.1　米軍の海没処分に関する資料

資料３　公開されている海没処分映像

１）United States Navy sinks captured Japanese submarine near Sasebo, Japan.
https://www.criticalpast.com/video/65675022292_United-States-Navy-sink-Japanese-submarine_B-25-bomber_other-submarines_Operation-Roads-end
　　　　Next をいくつか押すと、ハワイ沖での伊４０１の最後が映し出されます。
２）Captured Japanese submarine sinks during Operation Road's End.
https://www.criticalpast.com/video/65675022293_Japanese-submarine-sinks_Operation-Roads-End_B-25-Bomber_USS-Chicago
　　　　３艦が航空機からの爆撃で沈んでいく
３）Activity at Yokosuka Habor, Japan
https://www.criticalpast.com/video/65675022296_Japanese-submarine-and-speedboat_conning-tower_screw-propellers_submarine-net
　　　　横須賀から出る潜水艦波号
４）U.S. Military inspection of Japanese submarine aircraft carrier at Sasebo Bay, Japan during Operation "Road's End."
https://www.criticalpast.com/video/65675022264_Admiral-Robert-M-Griffen-aboard-captured-Japanese-submarine_hanger-402_boxes-of-demolition-charges
　　　　伊４０２の検分
５）Operation "Road's End" and preparations for destruction of the Japanese submarine fleet moored in Sasebo Bay, Japan
https://www.criticalpast.com/video/65675022265_various-captured-Japanese-submarine_Admiral-Griffen_Submarine-I-58
　　　　伊４７や伊１６２などの海上からのビデオと伊５８の検分
６）Operation Road's End, preparing to destroy Japan's submarine fleet. Crews decorate their submarines with cherry blossoms
https://www.criticalpast.com/video/65675022266_Captain-Atogi-Nakamura-and-Lt-Tashio-Tanaka-aboard-submarine-I-58_cherry-blossom_crew-members
　　　　伊５８、伊３６６、波１０７、伊４０２
７）Operation Road's End, the destruction of the Japanese submarine fleet. Views from USS Everett F Larson escorting the submarines
https://www.criticalpast.com/video/65675022267_captured-Japanese-submarine_USS-Larson_Commander-F-A-Mckee_Captain-Bell_megaphone
　　　　処分ビデオ
８）Submarines of the Japanese fleet, being sunk during Operation Road's End, after World War II
https://www.criticalpast.com/video/65675022268_Japanese-submarine-I-402_US-Carrier_USS-Larsons-gunfire_binoculars
　　　　処分ビデオ
９）Operation Roads End: Japanese submarines being taken from Sasebo Bay to the sea for destruction by United States Navy.
https://www.criticalpast.com/video/65675022269_The-Japanese-submarines-being-taken-to-the-sea_Sasebo-Bay_Habitat-at-Bay
　　　　庵ノ浦空撮（カラー）

資料4　米軍のビデオ画像の中で特定に役立つ重要な画像

　米軍が撮影したビデオ映像をクリッピングして、潜水艦の特定作業に利用しました。重要なものは本文中にそれぞれの艦に関連して示しましたが、艦の特定に使える画像を以下にまとめて示します。

資料

資料

資 料

資料5　財務省への調査申請書（その1）

2017年3月1日

福岡財務支局管財部殿

国有財産の調査について

私どもは、五島列島沖合の海没潜水艦群の艦名を確認するために、添付のサイドスキャンソナー調査を5月17日から計画しております。よろしくご許可くださいますよう申請いたします。

一般社団法人ラ・プロンジェ深海工学会
代表理事　浦　　環

2017年3月1日

五島沖潜水艦群サイドスキャンソナー調査計画書

1．調査主体
　　　一般社団法人ラ・プロンジェ深海工学会
　　　代表理事　浦　　環
　　　電話:090-1409-1626
　　　住所：福岡県北九州市若松区ひびきの1-22 教員宿舎102
2．日時
　　　2017年5月18日から22日
　　　ただし、海況により変更がありうる
3．調査対象
　　　1946年4月1日占領軍により海没処分された我が国潜水艦24艦
4．海域
　　　五島列島東部東シナ海で下記の範囲
　　　北緯32度33分45秒、東経129度11分15秒　〜
　　　　北緯32度35分00秒、東経129度14分45秒
　　　水深約200m
5．目的
　　　24艦の特定
6．使用船舶
　　　せいわ：五島福江漁協所属船
7．使用機器
　　　サイドスキャンソナー
8．調査方法
　　　「せいわ」からサイドスキャンソナーを曳航し、ターゲット潜水艦を音響的に調査し、サイドスキャン映像を取得する。

以上　（文責　浦　　環）

資料6　財務省への調査申請書（その２）

2017 年 6 月 30 日

福岡財務支局管財部殿

国有財産の調査について

私どもは、五島列島沖合の海没潜水艦群の艦名を確認するために、添付の ROV 調査を本年 8 月 20 日から計画しております。よろしくご許可くださいますよう申請いたします。

一般社団法人ラ・プロンジェ深海工学会
代表理事　浦　　環

2017 年 6 月 30 日

五島沖潜水艦群 ROV 調査計画書

1．調査主体
　　　一般社団法人ラ・プロンジェ深海工学会
　　　代表理事　浦　　環
　　　電話：090-1409-1626
　　　住所：福岡県北九州市若松区ひびきの 1-22 教員宿舎 102
2．日時
　　　2017 年 8 月 20 日から 23 日
　　　ただし、海況等により変更がありうる
3．調査対象
　　　1946 年 4 月 1 日占領軍により海没処分された我が国潜水艦 24 艦
4．海域
　　　五島列島東部東シナ海で下記の範囲
　　　北緯 32 度 33 分 45 秒、東経 129 度 11 分 15 秒　〜
　　　　北緯 32 度 35 分 00 秒、東経 129 度 14 分 45 秒
　　　水深約 200m
5．目的
　　　24 艦の特定
6．使用船舶
　　　早潮丸：日本サルヴェージ株式会社所属船
7．使用機器
　　　ROV
8．調査方法
　　　早潮丸から ROV を展開し、ターゲット潜水艦の画像情報を取得する。艦名特定のために周囲に散乱している物品を回収する。
9．参加者名簿
　　　別紙参照

１０．安全管理体制
　　　作業責任者：浦　環（理事長、実行委員長、現場責任者）
　　　　　　－＞参加者
　　　　　　－＞外部機関
１１．連絡体制
　　　作業責任者：浦　環（理事長、実行委員長、現場責任者）
　　　　　　－＞参加者
　　　　　　－＞外部機関
１２．関係機関との調整
　　　五島福江漁協とは調整予定
　　　海上保安庁へは、作業届けを速やかに提出予定
１３．その他
　　　本調査は、ボランティアによるものであり、また、営利活動ではない。
　　　活動資金は、寄付および日本財団等の支援団体からの資金による。

以上（文責　浦　環）

別紙

参加予定者名簿

理事長	浦	環
理事	古庄	幸一
理事	小原	敬史
正会員	青柳	由里子
一般会員	竹内	花奈
一般会員	杉本	憲一
一般会員	柴田	成晴
一般会員	杉浦	武
一般会員	稲葉	祥梧
一般会員	勝目	純也
一般会員	小林	いづみ

以上

資料7　主要艦の航跡

本資料では、大型艦4艦と呂50が、建造されてから処分されるまでに、どのような歴史をたどったのかを簡単に述べます。

日本海軍の潜水艦は、明治38年から始まり、昭和20年に終わります。その間に日本海軍が保有した潜水艦は合計241艦です。その内訳は
1．伊号：119艦
2．呂号：85艦
3．波号：37艦

実戦に参加した潜水艦は、そのうち154艦です。沈没した潜水艦は127艦で、約83％の消耗率です。127艦の内114艦は、乗組員全員が戦死しています。潜水艦での戦死者数は10,817名（回天を含まない）にのぼります。

挙げた戦果は、
　　艦艇撃沈　　　　13隻
　　艦艇撃　　　　　8隻
　　船舶撃沈　　　　171隻（84万9千トン）
　　船舶撃破　　　　49隻
で失った潜水艦数に比べて必ずしも多くありません。

一方、米軍は、保有潜水艦は317艦、そのうち52艦が沈没しています。挙げた戦果は
　　艦艇撃沈　　　　189隻
　　船舶撃沈　　　　1150隻（486万トン）
で圧倒的な戦果を誇っています。

（1）伊号第三十六潜水艦

乙型の17番艦として昭和17年9月30日竣工　　建造所　横須賀工廠

　　初代艦長　稲葉通宗少佐（兵51期）
　　二代艦長　寺本　巌少佐（神商15期）
　　三代艦長　菅昌徹昭少佐（兵65期）

昭和18年1月1日よりソロモン方面に進出し、ガダルカナル島、ニューギニア各地への輸送作戦に従事した。6月より8月まで幌筵アリューシャン方面に作戦した。9月よりハワイ方面偵察のために横須賀を出撃し、10月17日ハワイ飛行偵察をおこなったが搭載機は収容できなかった。

昭和19年になってスルミ、マーシャル、トラックへの輸送任務に従事した後、回天搭載艦となり11月20日ウルシー攻撃（菊水隊）をおこない、続いて昭和20年1月12日にもウルシー攻撃をおこなった（金剛隊）。3月には回天神武隊を搭載して出撃するも作戦変更により帰投。

4月、天武隊を乗せて沖縄方面に出撃し、輸送船団を攻撃して輸送船3隻を撃沈する戦果をあげたと報じた。6月にはマリアナに轟隊を乗せて出撃し、回天3基を発進している。

7月6日、瀬戸内海西部に帰投して終戦。

（２）伊号第四十七潜水艦

丙型の7番艦として昭和19年7月10日　　建造所　佐世保工廠

　　初代艦長　　折田善次少佐（兵59期）
　　二代艦長　　鈴木正吉少佐（兵62期）

　回天搭載艦として訓練後、昭和19年11月8日菊水隊を乗せウルシーに向かい回天4基を発進させ、12月20日は続いて金剛隊を乗せてホーランディア泊地に出撃、回天4基を発進させた。
　昭和20年3月、多々良隊を乗せて沖縄に向かったが、途中損傷により引き返した。4月20日、天武隊を乗せて再び沖縄海域に出撃、回天4基を発進させた。7月19日、多聞隊として沖縄に出撃したが、敵を発見することができず、8月11日、瀬戸内海西部に帰投して終戦。

（３）伊号第五十三潜水艦

丙型改の2番艦として昭和19年2月20日竣工　　建造所　呉工廠

　　初代艦長　豊増清八少佐（兵59期）
　　二代艦長　大場佐一少佐（兵62期）

　昭和19年5月16日、呉を出撃して敵艦船攻撃のためニューアイルランド北方で行動したが敵を発見することができず、7月25日佐世保に帰投した。回天搭載艦となり、12月30日金剛隊を乗せて出撃、回天3基をパラオ島コスソル水道方面で発進させた。
　昭和20年3月30日周防灘にて触雷し修理。その後7月14日多聞隊を乗せて西太平洋に向かった。7月24日台湾の南東海面で回天1基を発進し、駆逐艦「アンダーヒル」に損傷を与えた。続く8月4日も回天2基を発進、駆逐艦「アール・V・ジョンソン」を撃破した。
　8月12日、呉に帰投して終戦。

（４）伊号第五十八潜水艦

乙型改2の3番艦として昭和19年9月7日竣工　　建造所　横須賀工廠

　　艦長　橋本以行少佐（兵59期）

　訓練の後、12月4日第15潜水隊に編入された。ただちに回天作戦の準備を行う。
　昭和19年12月30日第2次玄作戦「金剛隊」としてグアムに向かう。搭載回天は4基である。昭和20年1月12日、グアム島西海岸アブラ湾口近くで潜航し、回天を発進させる地点に向かった。予定発進地点で、石川艇、続いて森艇、さらに工藤艇が発進した。三枝艇とは電話が不通となっていたので、すぐさま潜水艦を浮上させて確認したところ三枝艇は架台に乗ったままスクリューが回転していて航走状態にあった。すぐに潜航、固縛バンドを外すと三枝艇は発進していった。確かな戦果は確認できず退避し、22日呉に帰着した。
　3月1日、第4次玄作戦として神武隊を硫黄島まで運んだ。搭載回天は4基である。3月6日、硫黄島方面の作戦は難しいと判断されて、作戦中止となり、第2次丹作戦への協力を命ぜられた。梓特攻隊と呼ばれた「銀河」の電波誘導艦を命ぜられた。3月10日に交通筒のない回天2基を放棄して3月17日任務を終え呉に帰着した。
　3月31日、第5次玄作戦「多々良隊」を乗せ沖縄に向かった。搭載回天は4基である。しかしそ

の後荒天と米軍の厳重な警戒のため泊地進入困難と報告し、4月30日呉に帰着した。

　7月18日、多聞隊回天6基を運んで比島東方海面に向かう。グァム～レイテ航路海域に入り28日午後駆逐艦を従えた大型油槽船を発見した。魚雷の有効射程に近接できないと判断した橋本艦長は回天戦を命ずる。午後2時7分、1号艇、2号艇乗艇発進用意を下命した。ところが1号艇が発進用意に手間取ったため、2号艇が先に発進。これより10分遅れて1号艇も発進した。その50分後、2回の爆発音を確認したが、雨のため視界が悪く戦果が確認できなかった。戦後の調べでは米駆逐艦「ロウリー」撃破とある。

　7月29日、電探により重巡洋艦「インディアナポリス」発見。魚雷戦と5号艇6号艇の発進準備をする。しかし、回天の短い特眼鏡では闇夜に「インディアナポリス」を発見するのは難しいと判断し、魚雷攻撃をする。2秒の間隔をあけて魚雷6本を発射。3本が命中。この衝撃で「インディアナポリス」は2番砲塔の弾薬庫が誘爆、翌30日、沈没した。

　8月14日に呉に帰投して終戦。

（5）呂号第五十潜水艦

中型の16番艦として昭和19年7月31日竣工　建造所　三井玉野造船所

　　　初代艦長　木村正男少佐（兵63期）
　　　二代艦長　今井梅一大尉（兵67期）

　昭和19年11月19日呉を出港し、フィリピン東方海面へ。11月25日ラモン湾北東150海里にて空母1、駆逐艦3を雷撃、衝撃音と、大爆発音、5分後より2分間浸水音らしきもの聞く。後に呉に無事帰投。

　昭和20年1月23日呉を出港し、ルソン島東方海面へ。2月10日スリガオの東南東300海里にて船団攻撃し、米LST1隻を撃沈。2月20日、南西諸島方面を索敵しながら呉に着き、舞鶴に回航。4月20日舞鶴を発し、下関、豊後水道を経て北東島50海里付近へ。

　4月28日、敵機動部隊らしい集団音聴取。5月4日呉経由舞鶴着。5月29日、舞鶴発、東支那海を南下して　6月6日台湾東岸方面へ。6月11日-21日ウルシー、沖縄間を哨戒し、7月3日、舞鶴着。8月11日、舞鶴発、12日大連着、そのまま終戦になり、16日舞鶴着。

　同型艦18艦のうち、ただ1艦呂50のみが終戦まで無事であった。

〈著者紹介〉

浦　環（うら　たまき）

1948年（昭和23年）生まれ。

一般社団法人ラ・プロンジェ深海工学会　代表理事（2017年1月より）

九州工業大学社会ロボット具現化センター　特別教授（2013年4月より）

東京大学名誉教授（2013年4月より）

1972年、東京大学工学部卒。同工学系大学院船舶工学専攻博士課程修了、工学博士。

東京大学生産技術研究所講師、助教授を経て1992年より教授。

自律型海中ロボットの研究開発を推進、「r2D4」や「Tuna-Sand」など、

海中工学や海洋科学に貢献する自律型海中ロボットを開発し調査活動をおこなう。

日本造船学会論文賞、日本機械学会技術賞、

IEEE/OES Distinguished Technical Achievement Award などを受賞。IEEE Fellow。

高等海難審判庁参審員や総合海洋政策本部参与などを勤め、

海事の安全や我が国の海洋政策に貢献。

主な著書に『海中ロボット総覧』、『大型タンカーの海難救助論』など。

五島列島沖合に
海没処分された
潜水艦24艦の全貌

定価（本体2800円＋税）

乱丁・落丁はお取り替えします。

2019年2月27日初版第1刷発行
2019年3月22日初版第2刷発行

著　者　浦　環
企　画　一般社団法人ラ・プロンジェ深海工学会
発行者　百瀬精一
発行所　鳥影社 (www.choeisha.com)
〒160-0023 東京都新宿区西新宿3-5-12トーカン新宿7F
電話 03-5948-6470, FAX 03-5948-6471
〒392-0012 長野県諏訪市四賀229-1(本社・編集室)
電話 0266-53-2903, FAX 0266-58-6771
印刷・製本　シナノ印刷

© URA Tamaki 2019 printed in Japan
ISBN978-4-86265-729-9 C0056